用麻绳编织幸运小饰物 ②

（日）雄鸡社 著

刘 翀 译

目录

辽宁科学技术出版社
·沈阳·

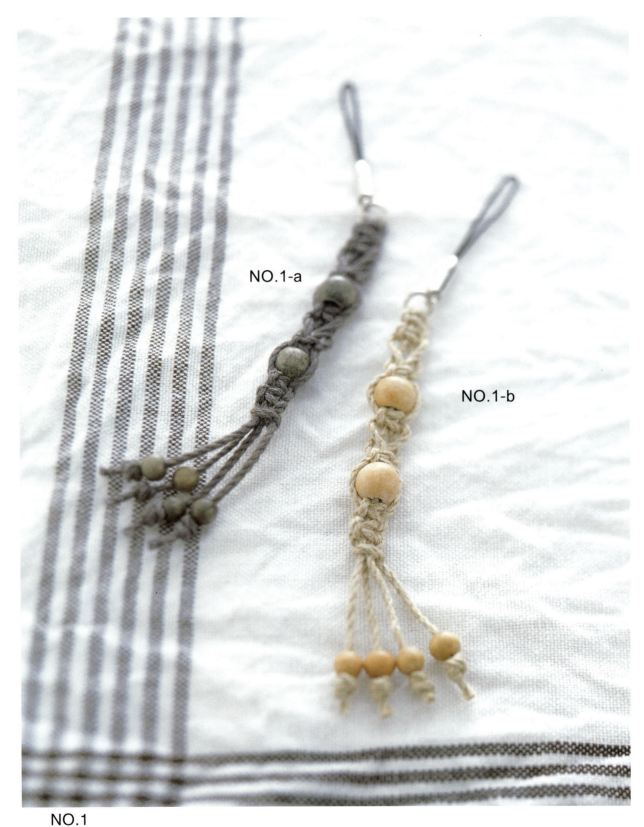

NO.1-a

NO.1-b

NO.1
小流苏手机链
这是一款麻绳与木珠颜色相同，而且简单大方的手机链。小流苏是其亮点。
制作方法：P32

NO.2-a

NO.2-c

NO.3

NO.2-b

NO.2、NO.3
彩色木珠手机链
在圆柱结之间用彩色木珠装饰的手机链。
制作方法：NO.2 见 P33、NO.3 见 P34

NO.4-a NO.4-b NO.4-c

NO.4

长管木珠钥匙链

在长管木珠两侧编出左右对称花边的钥匙链。

制作方法：P35

NO.5-a NO.5-b

NO.5
长管木珠手链（有结）
与钥匙链一样，在木珠两侧编结的手链。
制作方法：P36

NO.6-a

NO.6-b

NO.6
圆珠手链

这是由 P2 的手机链改编成的手链。要用两端的线环和圆珠固定。

制作方法：P37

NO.7-a

NO.7-b

NO.7-c

NO.7-d

NO.7

两用木珠短项链

这一款作品可以调节长度，既可以当短项链，也可以当手链。

制作方法：P38

NO.7-e

NO.8

NO.9-a

NO.8、NO.9
木珠短项链

在前面用木珠装饰的短项链。可以根据个人喜好编
出适合的长度，在后面打结。

制作方法：NO.8 见 P40、NO.9 见 P41

NO.9-b

NO.10

NO.11

NO.10、NO.11

长管木珠与圆珠手链

把长管木珠和圆珠编在一起，稍有变化的手链。

制作方法：NO.10、NO.11 见 P42

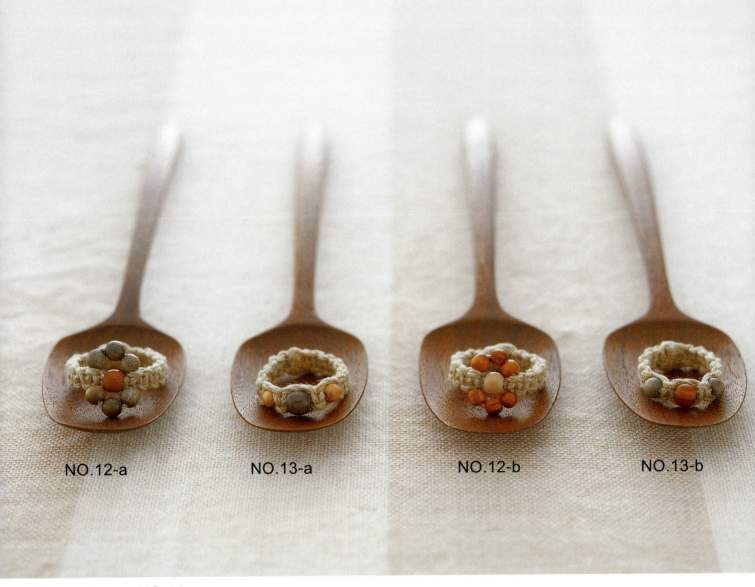

NO.12-a NO.13-a NO.12-b NO.13-b

NO.12、NO.13
圆珠指环
上面有圆珠装饰的可爱指环。用多余的线材就可以编织。
制作方法：NO.12、NO.13 见 P43

NO.14-a   NO.14-b   NO.14-c

NO.14
长管木珠手链（无结）

在绳结之间匀称分布着长管木珠的手链。可以选择自己喜欢的颜色。
制作方法：P44

NO.15-a

NO.15-c

NO.15-b

NO.15
木片挂饰钥匙链
穿有天然木片挂饰的钥匙链。
制作方法：P45

NO.16-a

NO.16-b

NO.17　NO.18

NO.16~NO.18

木片挂饰项链

以木片挂饰为主，与木珠和谐自然搭配的项链。

制作方法：NO.16 见 P46、NO.17 见 P47、NO.18 见 P48

NO.19

NO.19、NO.20
天然石项链

用碎石状天然石装饰的项链，很适合搭配简单素雅的服装。
制作方法：NO.19 见 P49、NO.20 见 P50

NO.20

NO.21-a NO.21-b

NO.21

小流苏短项链

由 P2 手机链改编的短项链。可以根据个人喜好调节长度。
制作方法：P51

NO.23

NO.22

NO.22、NO.23
圆珠手链和腰带
用同样的麻绳和圆珠编织出的手链和腰带。腰带是可调节的。
制作方法：NO.22 见 P52、NO.23 见 P54

NO.24

NO.25

NO.26

NO.24~NO.26

圆珠和长管木珠腰带

在腰间轻轻打一个结，两端自然下垂。与服装搭配起来具有浓郁的民族气息。

制作方法：NO.24 见 P56、NO.25 见 P57、NO.26 见 P58

NO.27-a   NO.27-b

NO.27

圆珠挂链

用圆珠装饰的挂链。也可挂在包包上使用。
制作方法：P60

NO.28-a

NO.28

小流苏眼镜链

由 P2 的手机链改编的眼镜链。麻绳眼镜链的一个优点就是不会刮乱头发。

制作方法：P62

NO.28-b

19

NO.29

NO.30

NO.29、NO.30
木珠挂包和迷你包
无论是细长的挂包还是横宽的迷你包，都可以用同样的方法编织。
制作方法：NO.29 见 P64、NO.30 见 P66

NO.31

NO.32

NO.31、NO.32

木珠口红包和 MP3 包

除了可以用来装口红或印章等小物件，也可以作为 MP3 套和手机套。

制作方法：NO.31 见 P68、NO.32 见 P70

本书作品使用
的材料和工具

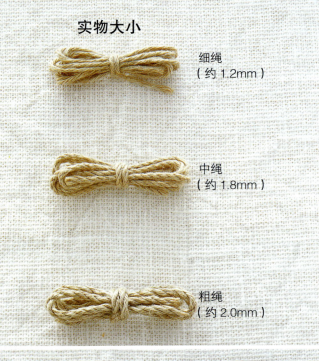

实物大小

细绳
（约 1.2mm）

中绳
（约 1.8mm）

粗绳
（约 2.0mm）

麻绳

麻料含量100%，产于罗马尼亚的优质麻绳。

在本书中，以具有天然颜色的麻绳为主，使用的麻绳颜色都经过了严格的挑选。

细绳每卷 20m，中绳每卷 10m，粗绳每卷 12m

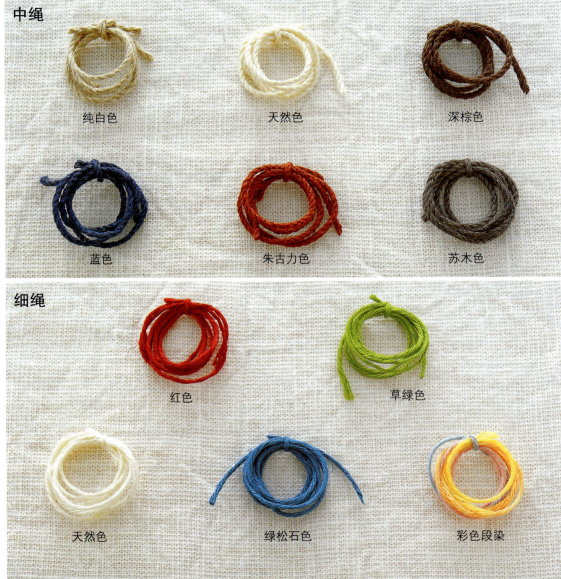

中绳

纯白色　　　　天然色　　　　深棕色

蓝色　　　　朱古力色　　　　苏木色

细绳

红色　　　　　　　草绿色

天然色　　　　绿松石色　　　　彩色段染

手工挂饰、天然木珠、各种串珠

以下介绍的每件挂饰都是手工雕刻。木纹及天然木给人感觉质朴清新，且木珠与麻绳堪称绝配。

（微风）
红木

（花）
松木

（树）
灰木

各有红木、松木和灰木三种颜色

长管木珠

扁珠

圆珠

各有红木、松木和灰木三种颜色

除此之外，为了突出重点，也使用了天然石

绿松石（碎石型）

红玉髓

白玉

红玉髓（碎石型）

配件

选用适合作品的配件，会使制作过程变得简单。

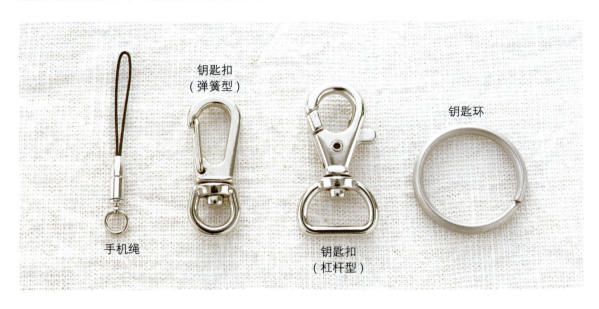

钥匙扣
（弹簧型）

钥匙环

手机绳

钥匙扣
（杠杆型）

工具

①卷尺　除了用来测量麻绳的长度外，也可以在制作过程中测量尺寸。

②剪刀　用来剪麻绳。最好用尖头、锋利的手工用剪刀。

③软木板和针　用针把麻绳固定在软木板上，便于编结。另外，软木板上画有 1cm 的方格，便于测量长度。

※除上述工具外，最好备有锥子、镊子和钳子等工具。

※编织固定作品时，③中的针也可以用透明胶代替。

※建议使用晾干后透明的手工艺品专用胶作为绳结的收尾和固定包包拎手部位时需要的黏合剂。

编结的5个注意事项

1 初学者要先做练习

因为麻是天然纤维，如果反复解开、打结会使麻绳易散或易断。另外，麻绳越细越难打结，所以在熟练之前最好用较粗的麻绳来练习。

2 麻绳要在水里浸泡后再使用

麻绳不用水浸泡也可以使用。但是浸泡一次再晾干后，麻绳就会变得柔软，易于编结。

3 麻绳要预留一些长度

本书中虽然标记了编织作品所需的麻绳长度，但是因为调节绳结时可能会使尺寸发生变化，出现长度不够的情况，所以在熟练之前，最好多预留一些长度。

4 打结时，用力要均匀

如果打结时用力均匀，绳结间隙就会整齐。整个结体形成后，要用力拉紧。不然过一段时间后，结体就会变形，因此拉紧是关键。可以用卷尺和软木板来仔细检查结体空隙是否均匀。

5 沾湿后缩水

麻绳沾湿后会缩水。在佩戴短项链、手链和指环等尺寸正好的饰物时，注意别沾水（只限于尺寸正好的饰物，宽松的饰物不在限制范围内）。如果担心缩水，在编织时，可稍微将尺寸放大。不过，晾干后会恢复原状。

基本结的编织方法

单结

可以是1根绳子也可以是几根绳子，将绳子绕一圈后打结，拉紧即可。

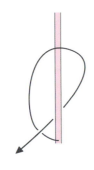

1 将绳子按箭头方向绕1圈。

2 拉紧。

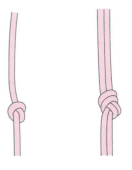

3 完成。多于2根的绳子也是同样的编法。

双结

这是将多于2根的绳子系在一起的方法。通常用来处理绳头。

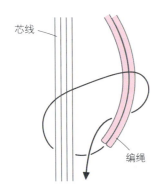

芯线

编绳

1 将编绳按照箭头方向绕起。

2 拉紧。

3 完成。

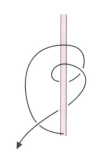

线圈结

按单结的方法绕2次，使绳结扩大。

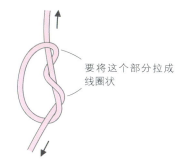

要将这个部分拉成线圈状

线圈状

1 根据单结的编法重复缠绕（一般是2次）。

2 上下拉紧。

3 绕2次后完成。

单平结

结形与平结(P28)相似。没有芯线的称为单平结。

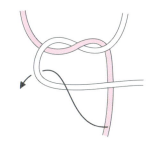

1 将2根绳子系1次。

2 如图再系1次。

3 完成。

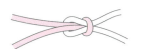

※如果在左右两侧将绳子的上下颠倒打结，方向就会改变。

绳头结

用来固定绳头或将其他绳子束在一起。

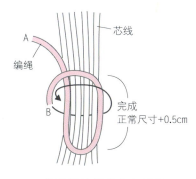

A
芯线
编绳
B
完成
正常尺寸+0.5cm

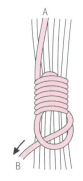

A
B

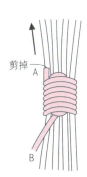

剪掉
A
B

1 将编绳按箭头方向重复绕在芯线上。

2 绕完规定的尺寸后，将绳子的B端穿过下面的线圈。

3 向上拉起A端，下面的线圈就会被拉进缠绕的线圈里，被固定住。然后将A、B线端从根部剪断。

三股辫

将3根绳子左右交替向内侧编。通常用于做包包的肩带。

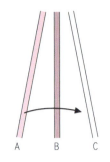

1 将A放在B和C之间。

2 再将C放在B和A之间。

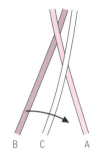

3 再将B放在C和A之间。重复上述步骤继续编。

4 完成。

平结

结形扁平。连续编结时要记住"从结下面穿出的绳子要压在芯线上"。

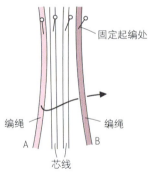

固定起编处

编绳　　编绳

芯线

A　　B

1 将中央作为芯线，两侧作为编绳来编结。把A放在芯线上，再把B放在A上。

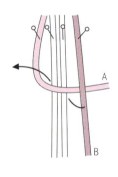

2 将B绳从芯线的后面绕过压在A线上。

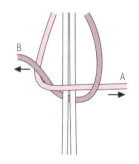

3 向左右拉紧。

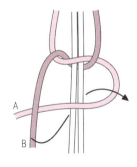

4 再将B绳从芯线的后面绕过并从A线上穿过。

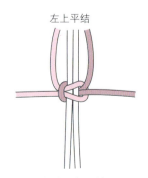

左上平结　　　右上平结

5 如图完成1次平结。
※因为绳结在左侧，所以叫"左上平结"，如果在右侧打结叫作"右上平结"。

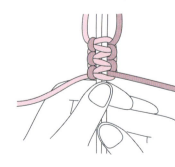

6 连续编3~4次后，按住芯线，将绳结向上推。

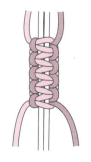

7 重复1~6的步骤，编出所需的绳结数量。

四股辫

和三股辫一样，将绳子从左右两侧向内侧编，四股辫呈绳索状。记住要"连续使用闲置的那根绳子"。

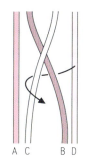

1 B绳与C绳交叉。将D绳从B、C绳下方穿过，从上面插入C和B之间。

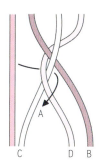

2 将A绳从C、D下方穿过，从上面插入D、C之间。

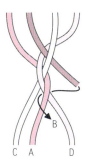

3 将B从D、A的下方穿过，从上面插入A、D之间。

4 绳尾也是用同样方法左右交替编织。

左上拧花结

从左侧穿出的绳子要压在芯线上。绳结呈自然旋转状。

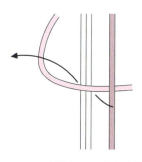

1 重复P28"左上平结"的1~3步骤。

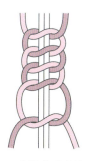

2 连续将左侧绳子压在芯线上编结。

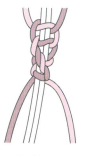

3 绳结是自左向右自然旋转。

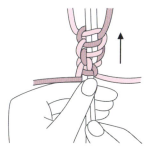

4 旋转至半圈时，按住芯线，向上推绳结。将编绳按照旋转方向，左右交换取绳子，易于编结。

右上拧花结

如果将右侧的绳子压在芯线上编结，绳结的旋转方向就会和左上拧花结相反。

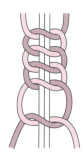

1 和左上拧花结相反，将右侧的绳压在芯线上编结。

2 绳结从右至左，自然旋转。旋转至半圈时，按住芯线，一边向上推绳结一边继续编结。

圆柱结

将摆成十字形的4根绳子，逐个压在相邻的绳子上，就会编出圆柱结的形状。

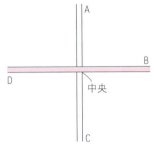

1 用4根绳子或将2根绳子的中间交叉成十字形。

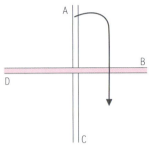

2 按顺时针方向压在相邻的绳子上。

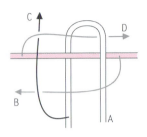

3 按照从B~D的顺序，顺着箭头方向绕绳，最后穿过线圈。

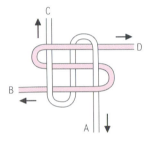

4 将每根绳子拉紧。

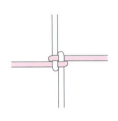

5 编1次后的结形。

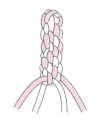

6 重复2~4的步骤。如果压绳的方向相反，绳结旋转的方向也会相反。

雀头结

将编绳自上而下绕芯线两圈，在同一侧打结。

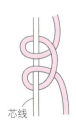

1 将编绳从上方和下方各绕芯线1圈。

2 绳子从右侧穿出。图为编1次"右雀头结"的结形。

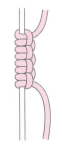

3 连续编织后的"右雀头结"。

1 绳子从左侧穿出。图为编1次的"左雀头结"。

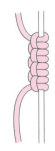

2 连续编织后的"左雀头结"。

起编方法

在编织手链或短项链的线圈部分时会经常使用的编法。

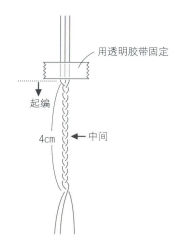

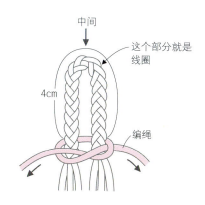

1 将绳子的中间部分对齐，编三股辫（或四股辫）。

2 从中间弯曲。如果有另1条编绳，要编在打结处的下方。

穿串珠的方法

使用透明胶带的方法

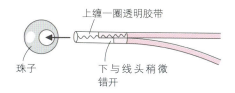

为了使绳头变细，在缠胶带的时候要与绳头错开。如果珠孔小，要一边转动珠子，一边穿绳。

同时穿几根绳子时的方法

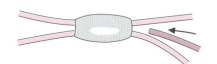

1 先穿2根绳子，在这两根绳子之间再插入1~2根绳子。

2 拉出插入的绳子。重复这个方法，穿入需要根数的绳子。

本书作品的编织方法

NO.1 小流苏手机链……P2

材　料	NO.1-a：**麻绳（中）**苏木色60cm×2根 　　　　**木珠（圆珠8mm）**灰木2个、**（圆珠5mm）**灰木4个 　　　　**手机绳**1个 NO.1-b：**麻绳（中）**纯白色60cm×2根 　　　　**木珠（圆珠8mm）**松木2个、**（圆珠5mm）**松木4个 　　　　**手机绳**1个
尺　寸	全长10cm（a、b通用。手机绳除外）

起编方法

手机绳

中间 ⋯⋯⋯⋯

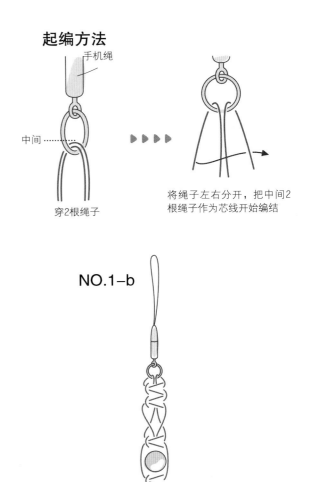

穿2根绳子

将绳子左右分开，把中间2
根绳子作为芯线开始编结

NO.1-a

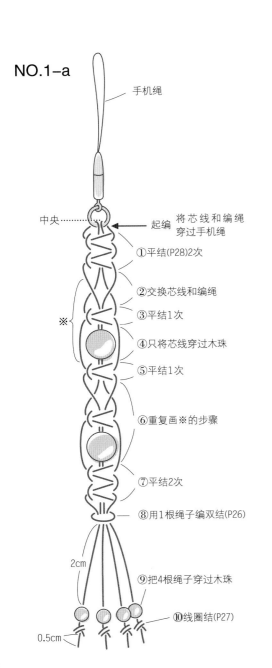

手机绳

中央 ⋯⋯⋯⋯

起编 　将芯线和编绳
　　　穿过手机绳

①平结(P28)2次

②交换芯线和编绳

③平结1次

※

④只将芯线穿过木珠

⑤平结1次

⑥重复画※的步骤

⑦平结2次

⑧用1根绳子编双结(P26)

2cm

⑨把4根绳子穿过木珠

⑩线圈结(P27)

0.5cm

NO.1-b

NO.2 彩色木珠手机链……P3

材 料	NO.2-a：麻绳（中）纯白色80cm×2根 木珠（扁珠10mm）红木3个、（圆珠6mm）红木4个 手机绳1个
	NO.2-b：与NO.2-a相同
	NO.2-c：麻绳（中）纯白色80cm×2根 木珠（扁珠10mm）红木（W643）3个、（圆珠6mm）灰木4个 手机绳1个
尺 寸	全长10cm（a、b、c通用。手机绳除外）

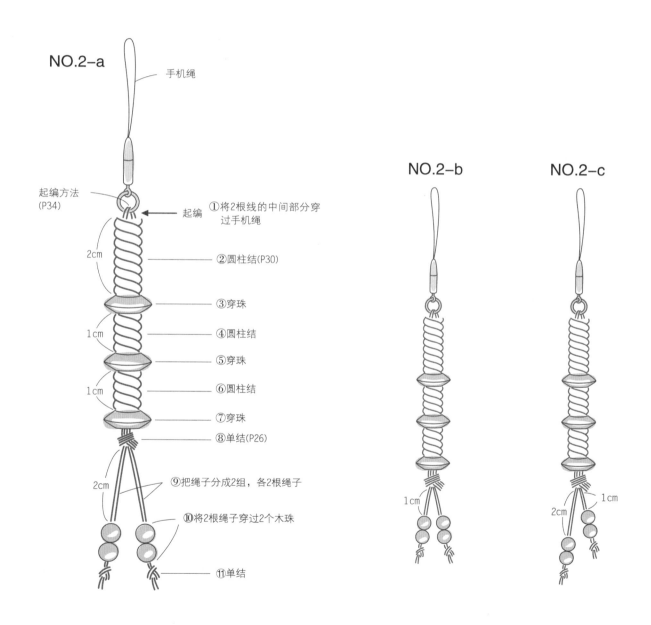

NO.2-a

手机绳

起编方法
(P34)

起编

①将2根线的中间部分穿过手机绳

2cm   ②圆柱结(P30)

③穿珠

1cm   ④圆柱结

⑤穿珠

1cm   ⑥圆柱结

⑦穿珠

⑧单结(P26)

2cm   ⑨把绳子分成2组，各2根绳子

⑩将2根绳子穿过2个木珠

⑪单结

NO.2-b

1cm

NO.2-c

1cm

2cm

33

NO.3 彩色木珠手机链……P3

材 料	NO.3：**麻绳（中）纯白色**80cm×2根 **木珠（圆珠6mm）红木**2个、**灰木**1个 **手机绳** 1个
尺 寸	**全长13cm（手机绳除外）**

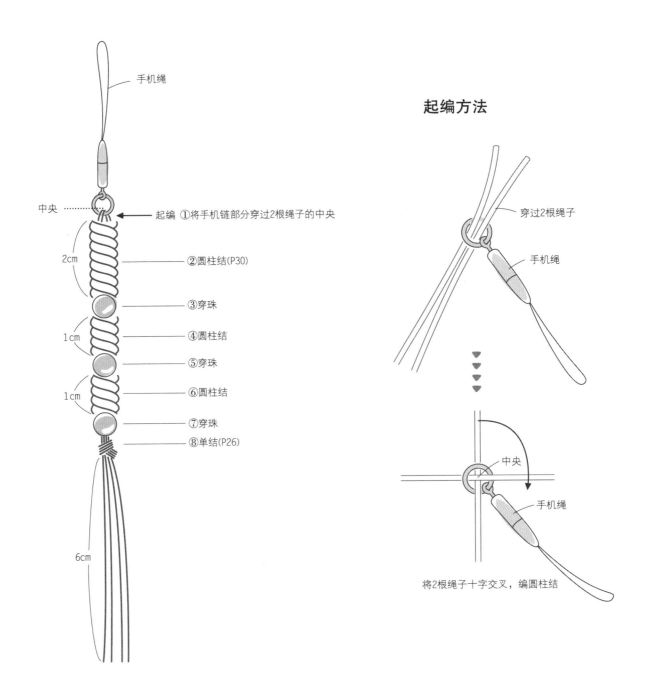

手机绳

起编方法

中央

起编 ①将手机链部分穿过2根绳子的中央

2cm

②圆柱结(P30)

③穿珠

④圆柱结

1cm

⑤穿珠

⑥圆柱结

1cm

⑦穿珠

⑧单结(P26)

6cm

穿过2根绳子

手机绳

中央

手机绳

将2根绳子十字交叉，编圆柱结

NO.4长管木珠钥匙链······P4

材 料	NO.4-a：**麻绳**（中）纯白色 **芯线**50cm×2根、**编绳**100cm×1根 **木珠**（长管木珠22mm）灰木1个、（圆珠6mm）灰木6个 **钥匙链配件** 1个
	NO.4-b：**麻绳**（中）纯白色 **芯线**50cm×2根、**编绳**100cm×1根 **木珠**（长管木珠22mm）松木1个、（圆珠6mm）松木6个 **钥匙链配件**1个
	NO.4-c：**麻绳**（中）纯白色 **芯线**50cm×2根、**编绳**100cm×1根 **木珠**（长管木珠22mm）红木1个、（圆珠6mm）红木6个 **钥匙链配件**1个
尺 寸	全长8cm（钥匙链配件除外）

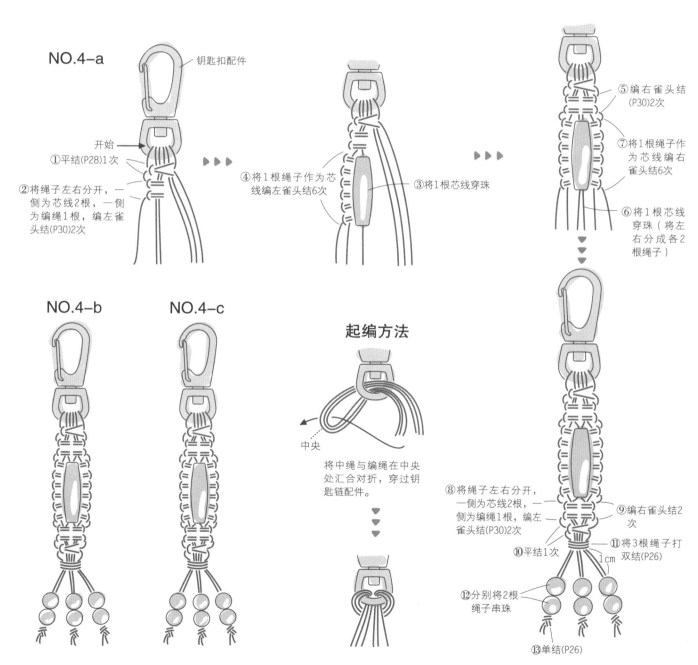

NO.5 长管木珠手链（有结）……P6

材料	NO.5-a：麻绳（中）深棕色 **芯线**80cm×2根、**编绳**250cm×1根 木珠（长管木珠22mm）灰木4个
	NO.5-b：麻绳（中）纯白色 **芯线**80cm×2根、**编绳**250cm×1根 木珠（长管木珠22mm）红木4个
尺寸	全长25cm

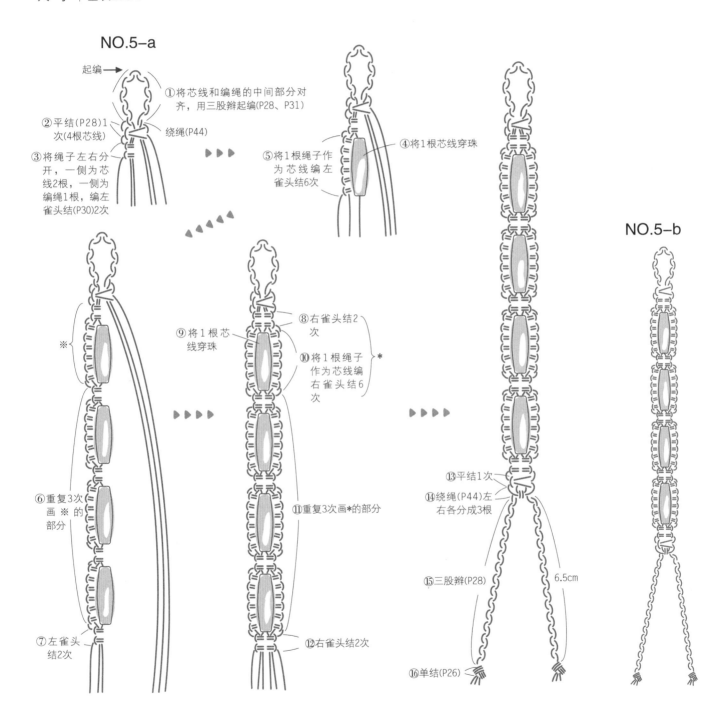

NO.5-a

起编→

① 将芯线和编绳的中间部分对齐，用三股辫起编（P28、P31）

② 平结（P28）1次（4根芯线）

绕绳（P44）

③ 将绳子左右分开，一侧为芯线2根，一侧为编绳1根，编左雀头结（P30）2次

④ 将1根芯线穿珠

⑤ 将1根绳子作为芯线编左雀头结6次

NO.5-b

※

⑥ 重复3次画 ※ 的部分

⑦ 左雀头结2次

⑧ 右雀头结2次

⑨ 将1根芯线穿珠

⑩ 将1根绳子作为芯线编右雀头结6次 *

⑪ 重复3次画*的部分

⑫ 右雀头结2次

⑬ 平结1次

⑭ 绕绳（P44）左右各分成3根

⑮ 三股辫（P28）

6.5cm

⑯ 单结（P26）

36

NO.6 圆珠手链……P6

材料	NO.6-a：**麻绳（中）**苏木色 **芯线**100cm×1根、**编绳**100cm×1根
	木珠（圆珠8mm）灰木5个、**（扁珠10mm）**灰木1个
	NO.6-b：**麻绳（中）**纯白色 **芯线**100cm×1根、**编绳**100cm×1根
	木珠（圆珠8mm）松木5个、**（扁珠10mm）**松木1个
尺寸	全长19cm

NO.6-a

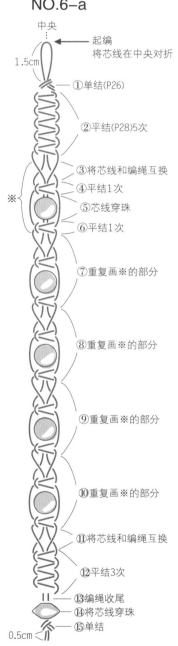

中央
起编
将芯线在中央对折
1.5cm
①单结(P26)
②平结(P28)5次
③将芯线和编绳互换
④平结1次
⑤芯线穿珠
⑥平结1次
※
⑦重复画※的部分
⑧重复画※的部分
⑨重复画※的部分
⑩重复画※的部分
⑪将芯线和编绳互换
⑫平结3次
⑬编绳收尾
⑭将芯线穿珠
⑮单结
0.5cm

起编方法

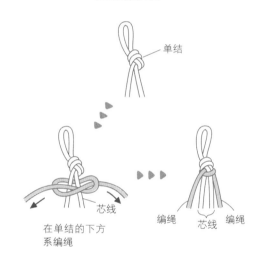

单结
芯线
在单结的下方
系编绳
编绳 芯线 编绳

编绳的收尾方法

将绳尾插入至少2个
绳结里

最后用钳子等工具将绳尾拉进绳结
里，并剪掉多余的部分。在断面上
涂少许黏合剂

NO.6-b

37

NO.7 两用木珠短项链……P7

材 料	NO.7-a: **麻绳（细）纯白色150cm×2根、草绿色150cm×2根** **木珠（长管木珠14mm）松木7个、（圆珠8mm）松木1个**
	NO.7-b: **麻绳（细）纯白色150cm×2根、绿松石色150cm×2根** **木珠（长管木珠14mm）松木7个、（圆珠8mm）松木1个**
	NO.7-c: **麻绳（细）天然色150cm×2根、彩色段染150cm×2根** **木珠（长管木珠14mm）红木7个、（扁珠10mm）红木1个**
	NO.7-d: **麻绳（细）纯白色150cm×3根、绿松石色150cm×1根** **木珠（圆珠8mm）松木8个**
	NO.7-e: **麻绳（细）纯白色150cm×3根、红色150cm×1根** **木珠（圆珠6mm）灰木7个、（圆珠8mm）灰木1个**
尺 寸	可调节(最长75cm)

NO.7-e

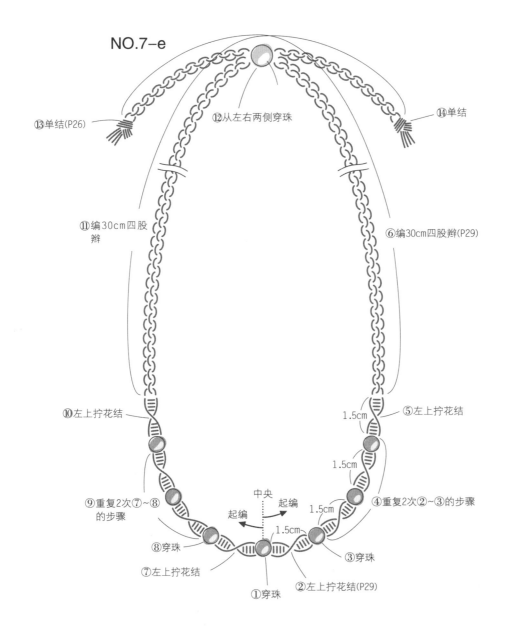

⑬单结(P26)

⑫从左右两侧穿珠

⑭单结

⑪编30cm四股辫

⑥编30cm四股辫(P29)

⑩左上拧花结

⑤左上拧花结

1.5cm

1.5cm

⑨重复2次⑦~⑧的步骤

④重复2次②~③的步骤

⑧穿珠

中央

起编

起编

1.5cm

③穿珠

⑦左上拧花结

1.5cm

②左上拧花结(P29)

①穿珠

38

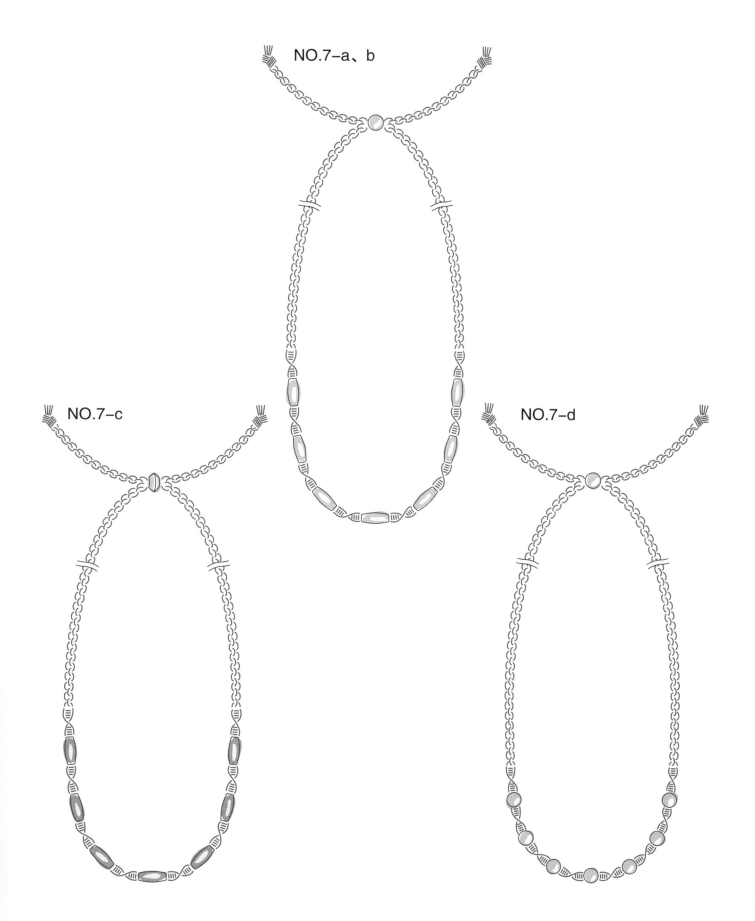

NO.7–a、b

NO.7–c

NO.7–d

材 料	NO.8：麻绳（中）天然色150cm×4根 木珠（圆珠8mm）松木5个、（圆珠6mm）红木18个
尺 寸	全长72cm

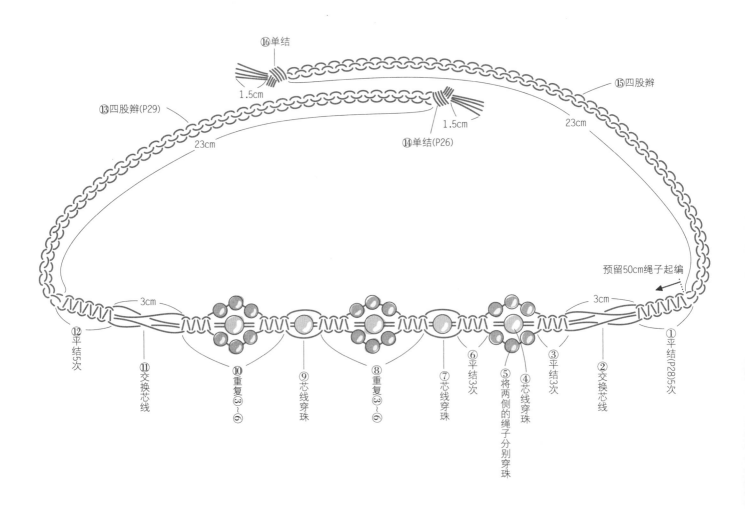

⑯单结
1.5cm
⑬四股辫(P29)
23cm
⑮四股辫
23cm
⑭单结(P26)
1.5cm
预留50cm绳子起编
⑫平结5次
⑪交换芯线
⑩重复③～⑥
⑨芯线穿珠
⑧重复③～⑥
⑦芯线穿珠
⑥平结3次
⑤将两侧的绳子分别穿珠
④芯线穿珠
③平结3次
②交换芯线
①平结(P28)5次
3cm
3cm

NO.9 木珠短项链⋯⋯P8

材 料	NO.9-a：麻绳（中）天然色120cm×4根 木珠（圆珠6mm）松木10个、红木10个 NO.9-b：麻绳（中）纯白色120cm×4根 木珠（圆珠6mm）红木20个
尺 寸	全长56cm

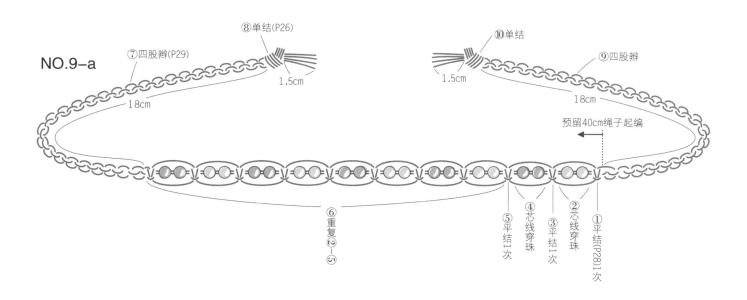

NO.9−a

⑧单结(P26)
⑦四股辫(P29)
1.5cm
18cm
⑩单结
1.5cm
⑨四股辫
18cm
预留40cm绳子起编
⑥重复②～⑤
⑤平结1次
④芯线穿珠
③平结1次
②芯线穿珠
①平结(P28)1次

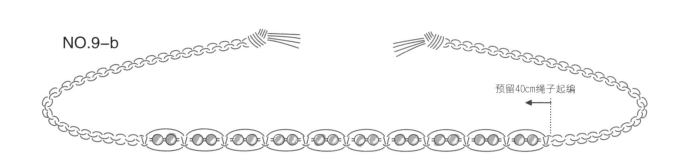

NO.9−b

预留40cm绳子起编

NO.10 长管木珠与圆珠手链……P9

材 料	NO.10：麻绳（细）天然色 芯线80cm×2根、（中）天然色 编绳120cm×1根 木珠（圆珠6mm）松木4个、灰木4个 （长管木珠14mm）松木2个、灰木(613)2个、（扁珠10mm）灰木1个
尺 寸	全长21cm

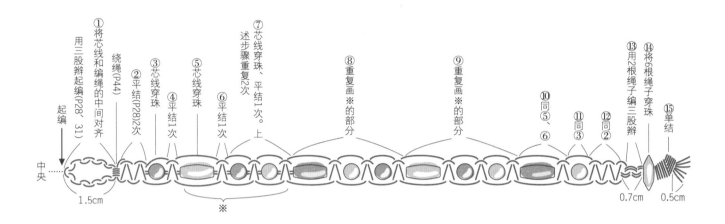

NO.11 长管木珠与圆珠手链……P9

材 料	NO.11：麻绳（细）纯白色 芯线80cm×2根、（中）纯白色 编绳160cm×1根 木珠（圆珠6mm）红木4个、（长管木珠14mm）松木3个 （扁珠10mm）红木1个
尺 寸	全长21cm

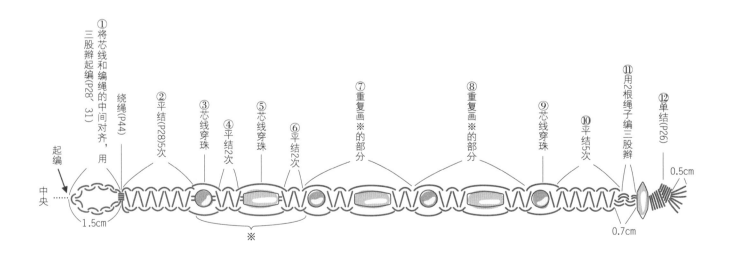

NO.12 圆珠指环……P10

材 料	NO.12-a：**麻绳（中）纯白色** 90cm×1根 **木珠（圆珠6mm）红木1个**、（圆珠5mm）灰木6个 NO.12-b：**麻绳（中）纯白色** 90cm×1根 **木珠（圆珠6mm）松木1个**、（圆珠5mm）红木6个
尺 寸	可调节（可以选择适合自己的尺寸）

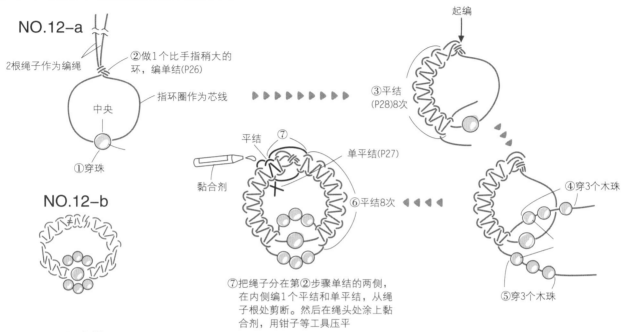

NO.12-a

2根绳子作为编绳

②做1个比手指稍大的环，编单结(P26)

指环圈作为芯线

中央

①穿珠

起编

③平结(P28)8次

④穿3个木珠

⑤穿3个木珠

NO.12-b

平结 ⑦

单平结(P27)

黏合剂

⑥平结8次

⑦把绳子分在第②步骤单结的两侧，在内侧编1个平结和单平结，从绳子根部剪断。然后在绳头处涂上黏合剂，用钳子等工具压平

NO.13 圆珠指环……P10

材 料	NO.13-a：**麻绳（中）纯白色** 90cm×1根 **木珠（圆珠6mm）灰木1个**、（圆珠5mm）松木2个 NO.13-b：**麻绳（中）纯白色** 90cm×1根 **木珠（圆珠6mm）红木1个**、（圆珠5mm）灰木2个
尺 寸	可调节（可以选择适合自己的尺寸）

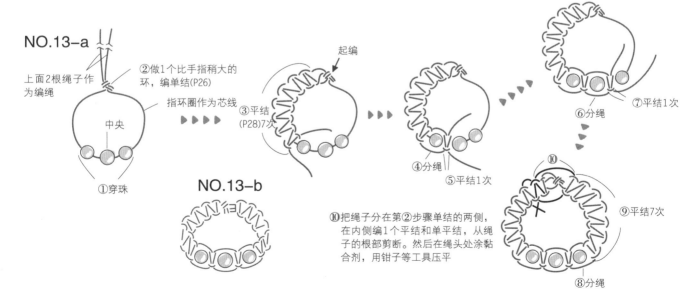

NO.13-a

上面2根绳子作为编绳

②做1个比手指稍大的环，编单结(P26)

指环圈作为芯线

中央

①穿珠

起编

③平结(P28)7次

④分绳

⑤平结1次

NO.13-b

⑥分绳

⑦平结1次

⑧分绳

⑨平结7次

⑩把绳子分在第②步骤单结的两侧，在内侧编1个平结和单平结，从绳子的根部剪断。然后在绳头处涂黏合剂，用钳子等工具压平

NO.14 长管木珠手链（无结）……P11

材料	NO.14-a：麻绳（中）纯白色 芯线60cm×1根、编绳120cm×2根 木珠（长管木珠14mm）灰木5个、（扁珠15mm）灰木1个
	NO.14-b：麻绳（中）纯白色 芯线60cm×1根、编绳120cm×2根 木珠（长管木珠14mm）松木5个、（扁珠15mm）松木1个
	NO.14-c：麻绳（中）纯白色 芯线60cm×1根、编绳120cm×2根 木珠（长管木珠14mm）红木5个、（扁珠15mm）红木1个
尺 寸	全长20cm（a、b、c通用）

绕绳方法

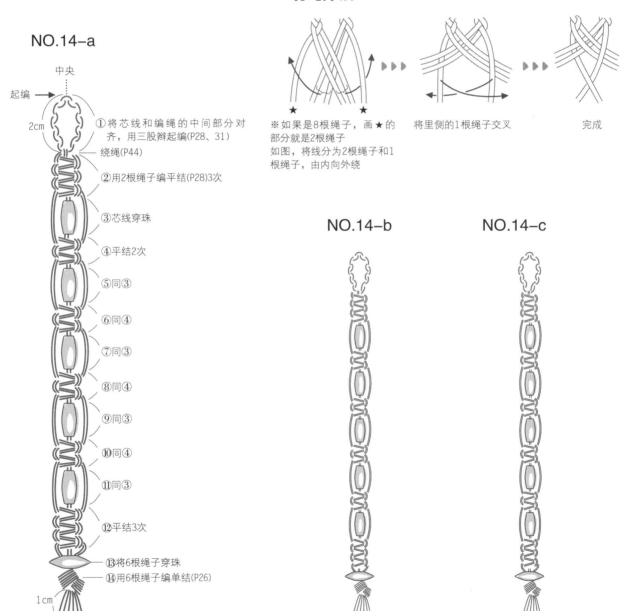

NO.14–a

中央

起编→

2cm

①将芯线和编绳的中间部分对齐，用三股辫起编(P28、31)

绕绳(P44)

②用2根绳子编平结(P28)3次

③芯线穿珠

④平结2次

⑤同③

⑥同④

⑦同③

⑧同④

⑨同③

⑩同④

⑪同③

⑫平结3次

⑬将6根绳子穿珠

⑭用6根绳子编单结(P26)

1cm

※如果是8根绳子，画★的部分就是2根绳子
如图，将线分为2根绳子和1根绳子，由内向外绕

将里侧的1根绳子交叉

完成

NO.14–b

NO.14–c

NO.14 木片挂饰钥匙链……P12

材料	NO.15-a：麻绳（中）天然色 编绳100cm×1根、纯白色绳头结50cm×1根 挂饰（树）红木1个、钥匙环1个
	NO.15-b：麻绳（中）深棕色 编绳100cm×1根、纯白色绳头结50cm×1根 挂饰（花）松木1个、钥匙环1个
	NO.15-c：麻绳（中）纯白色 编绳100cm×1根、黑色绳头结50cm×1根 挂饰（微风）灰木1个、钥匙环1个
尺寸	全长7cm（a、b、c通用。钥匙环除外）

NO.15-a

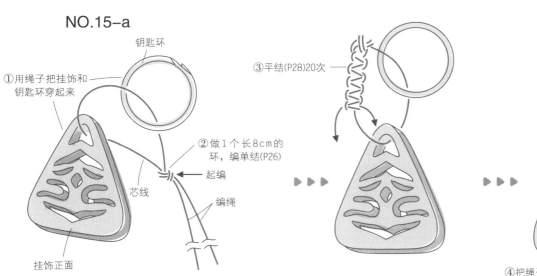

①用绳子把挂饰和钥匙环穿起来

钥匙环

②做1个长8cm的环，编单结(P26)

起编

芯线

编绳

挂饰正面

③平结(P28)20次

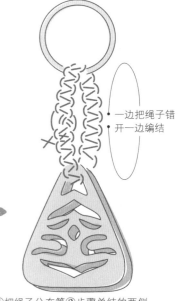

一边把绳子错开一边编结

④把绳子分在第②步骤单结的两侧，在内侧编1个平结和单平结，从绳子根部剪断。然后在绳头涂上黏合剂，用钳子等工具压平（参照P43的NO.12的⑦）

NO.15-b

NO.15-c

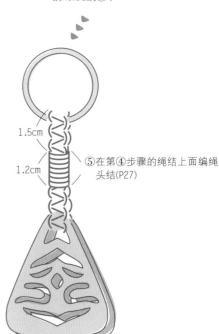

1.5cm

1.2cm

⑤在第④步骤的绳结上面编绳头结(P27)

NO.16 木片挂饰项链……P13

材 料	NO.16-a：**麻绳（中）纯白色粗 芯线**120cm×2根、**编绳**200cm×2根 **挂饰（花）**灰木1个、**木珠（圆珠**6mm）红木4个 灰木2个、（长管木珠22mm）灰木2个、（扁珠15mm）灰木1个
	NO.16-b：**麻绳（中）纯白色粗 芯线**120cm×2根、**编绳**200cm×2根 **挂饰（微风）**松木1个、**木珠（圆珠**6mm）红木4个 松木2个、（长管木珠22mm）松木2个、（扁珠15mm）松木1个
尺 寸	全长68cm（a、b通用）

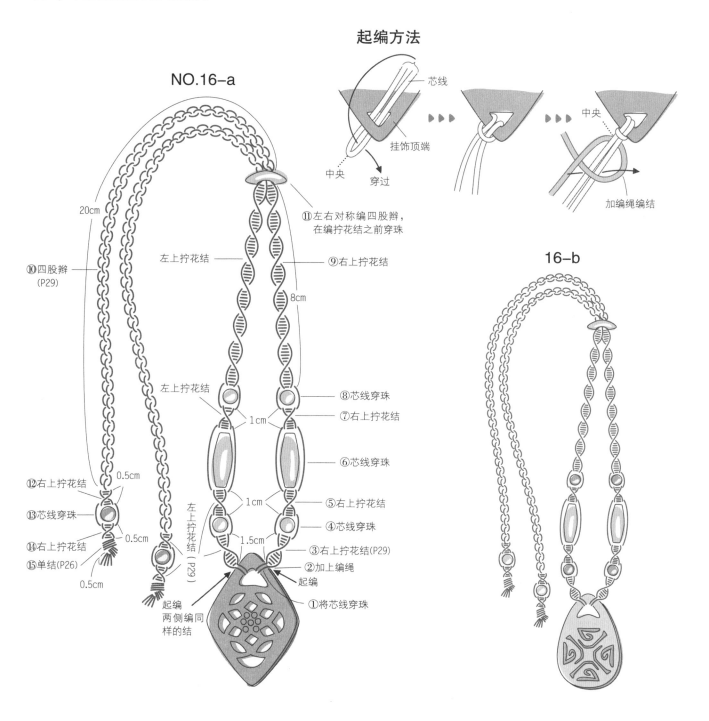

起编方法

NO.16–a

20cm

⑩四股辫
(P29)

⑪左右对称编四股辫，
在编拧花结之前穿珠

左上拧花结

⑨右上拧花结

8cm

芯线

挂饰顶端

中央

穿过

中央

加编绳编结

16–b

左上拧花结

⑧芯线穿珠

⑦右上拧花结

1cm

⑥芯线穿珠

0.5cm

⑫右上拧花结

⑬芯线穿珠

1cm

⑤右上拧花结

④芯线穿珠

0.5cm

⑭右上拧花结

⑮单结(P26)

左上拧花结（P29）

1.5cm

③右上拧花结(P29)

②加上编绳

起编

0.5cm

起编
两侧编同
样的结

①将芯线穿珠

NO.17 木片挂饰项链······P13

材 料	NO.17：麻绳（中）纯白色150cm×4根 挂饰（花）红木1个、天然石（圆珠8mm）红玉髓6个 木珠（扁珠15mm）红木1个
尺 寸	全长68cm

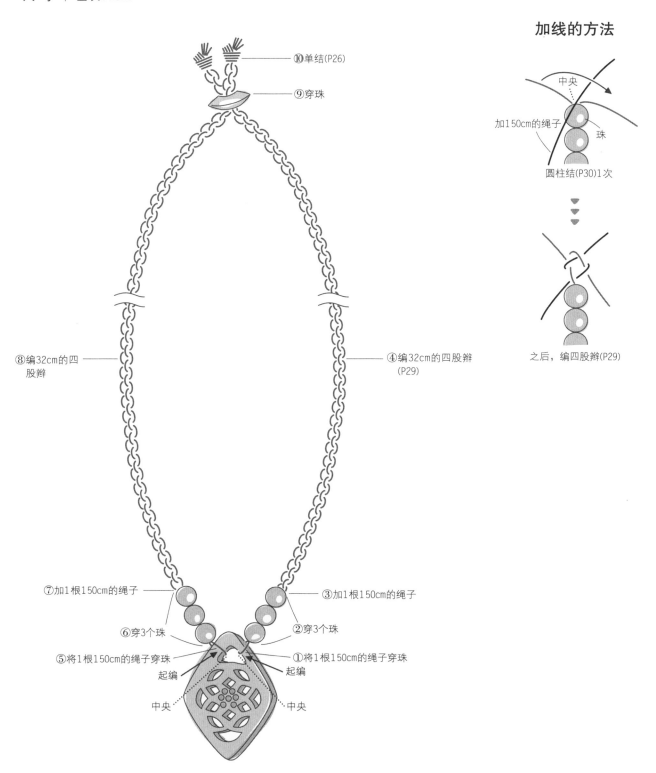

⑩单结(P26)

⑨穿珠

⑧编32cm的四股辫

④编32cm的四股辫(P29)

⑦加1根150cm的绳子

③加1根150cm的绳子

⑥穿3个珠

②穿3个珠

⑤将1根150cm的绳子穿珠

①将1根150cm的绳子穿珠

起编

起编

中央

中央

加线的方法

中央

加150cm的绳子

珠

圆柱结(P30)1次

之后，编四股辫(P29)

NO.18 木片挂饰项链……P13

材 料	NO.18：麻绳（中）纯白色150cm×4根 挂饰（树）灰木1个、天然石（圆珠8mm）白玉 3个 木珠（扁珠15mm）灰木1个
尺 寸	全长60cm

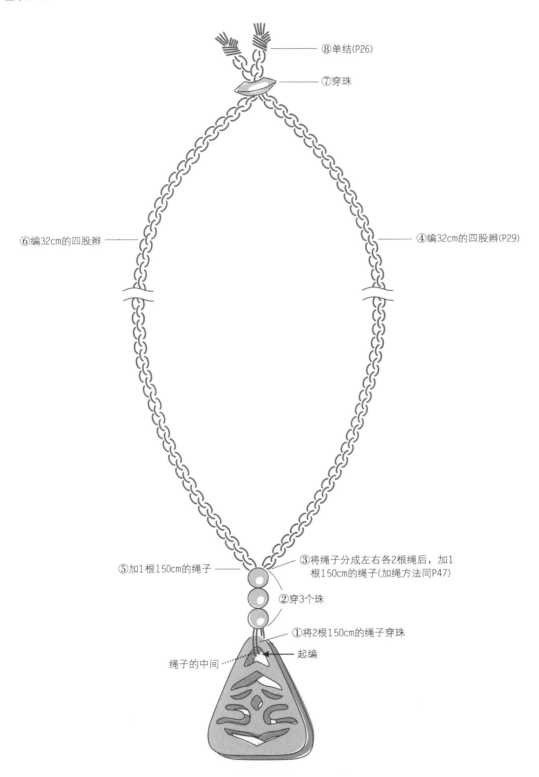

⑧单结(P26)

⑦穿珠

⑥编32cm的四股辫

④编32cm的四股辫(P29)

⑤加1根150cm的绳子

③将绳子分成左右各2根绳后，加1根150cm的绳子(加绳方法同P47)

②穿3个珠

①将2根150cm的绳子穿珠

绳子的中间

起编

NO.19 天然石项链⋯⋯P14

材 料	NO.19：麻绳（中）纯白色80cm×2根、140cm×3根 天然石（碎石型）绿松石30个、木珠（圆珠6mm）松木21个
尺 寸	全长90cm

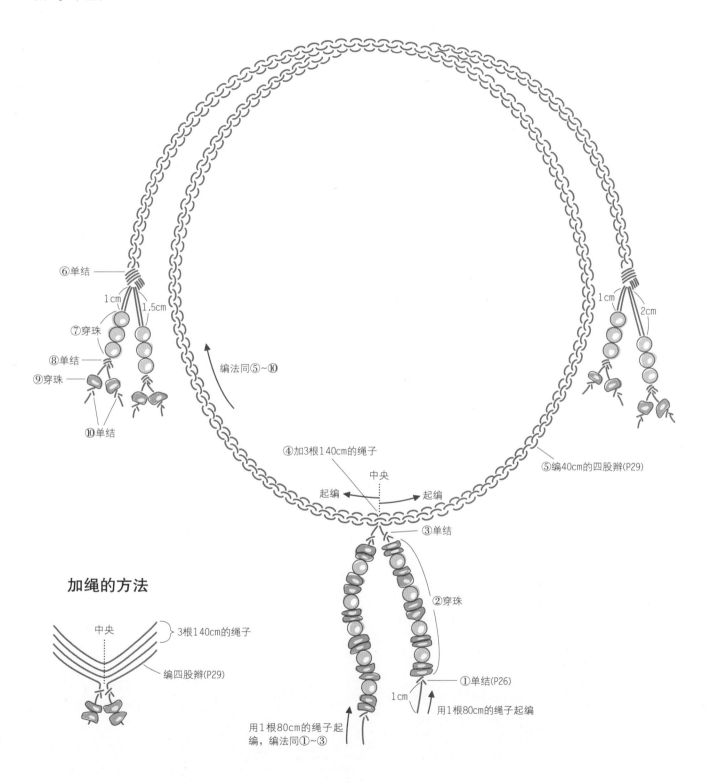

⑥单结

1cm   1.5cm

⑦穿珠

⑧单结

⑨穿珠

⑩单结

编法同⑤~⑩

1cm   2cm

⑤编40cm的四股辫(P29)

④加3根140cm的绳子

中央

起编   起编

③单结

②穿珠

加绳的方法

中央

3根140cm的绳子

编四股辫(P29)

①单结(P26)

1cm

用1根80cm的绳子起编

用1根80cm的绳子起
编，编法同①~③

NO.20 天然石项链……P14

材 料	NO.20：麻绳（中）纯白色80cm×2根、140cm×3根 天然石（碎石型）红玉髓16个、木珠（圆珠6mm）红木12个
尺 寸	全长90cm

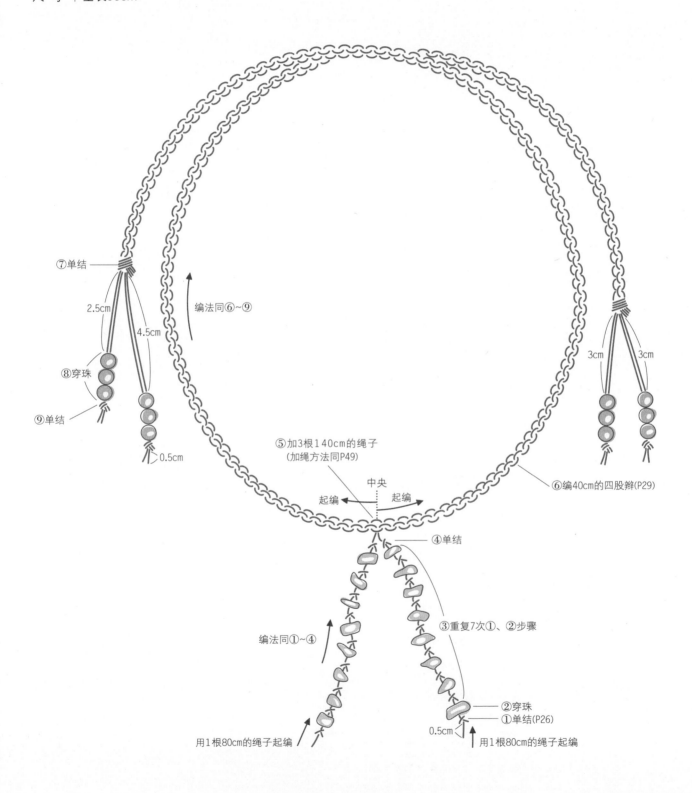

⑦单结

2.5cm

4.5cm

编法同⑥～⑨

⑧穿珠

⑨单结

0.5cm

3cm   3cm

⑤加3根140cm的绳子
（加绳方法同P49）

中央

起编 ← → 起编

④单结

⑥编40cm的四股辫（P29）

③重复7次①、②步骤

编法同①～④

②穿珠

①单结（P26）

0.5cm

用1根80cm的绳子起编

用1根80cm的绳子起编

NO.21 小流苏短项链······P15

材 料	NO.21-a：麻绳（中）纯白色 芯线160cm×1根、编绳100cm×1根 　　　　木珠（圆珠8mm）松木9个、（扁珠10mm）松木1个
	NO.21-b：麻绳（中）苏木色 芯线160cm×1根、编绳100cm×1根 　　　　木珠（圆珠8mm）灰木9个、（扁珠10mm）灰木1个
尺 寸	全长42cm(a、b通用)

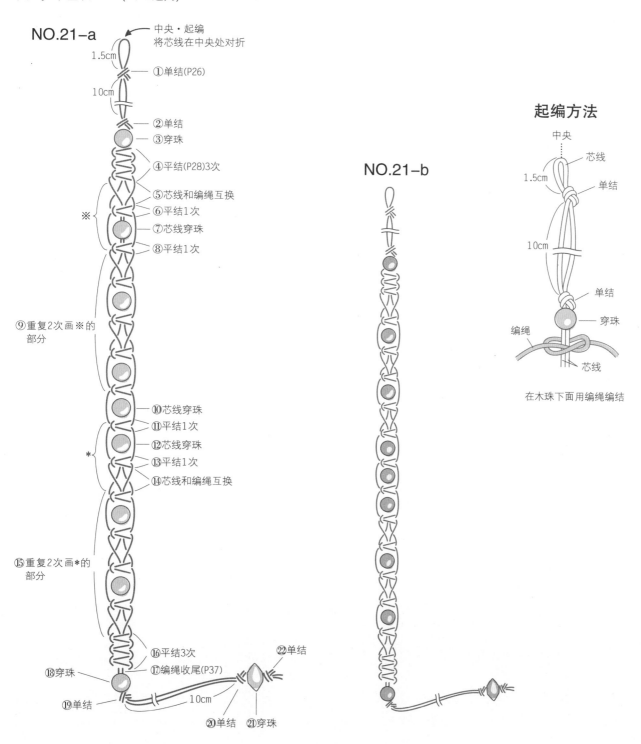

NO.21-a

中央·起编
将芯线在中央处对折

1.5cm
①单结(P26)
10cm
②单结
③穿珠
④平结(P28)3次
⑤芯线和编绳互换
⑥平结1次
⑦芯线穿珠
⑧平结1次
※
⑨重复2次画※的部分
⑩芯线穿珠
⑪平结1次
⑫芯线穿珠
⑬平结1次
⑭芯线和编绳互换
*
⑮重复2次画*的部分
⑯平结3次
⑰编绳收尾(P37)
⑱穿珠
⑲单结
10cm
⑳单结　㉑穿珠
㉒单结

NO.21-b

起编方法

中央
芯线
1.5cm
单结
10cm
单结
穿珠
编绳
芯线

在木珠下面用编绳编结

NO.22 圆珠手链······P16

材 料	NO.22：麻绳（中）纯白色 芯线100cm×1根、编绳170cm×3根
	木珠（圆珠6mm）灰木8个、红木3个
尺 寸	全长33cm

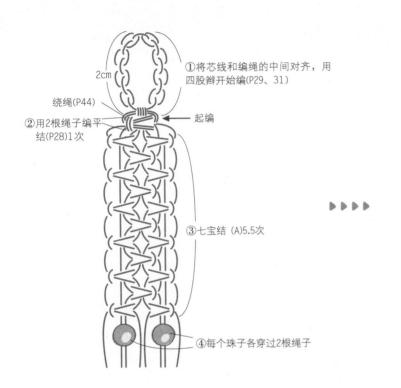

2cm

绕绳(P44)

①将芯线和编绳的中间对齐，用四股辫开始编(P29、31)

②用2根绳子编平结(P28)1次

起编

③七宝结（A)5.5次

④每个珠子各穿过2根绳子

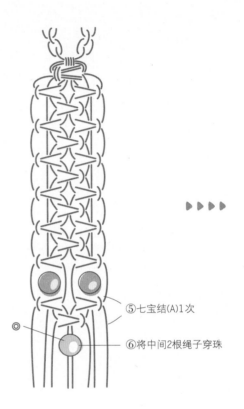

⑤七宝结(A)1次

◎

⑥将中间2根绳子穿珠

七宝结的编法

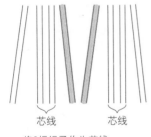

芯线　芯线

将2根绳子作为芯线

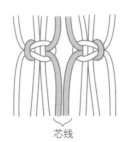

芯线

左边4根绳子编左上平结，右边4根绳子编右上平结(编法同P28)

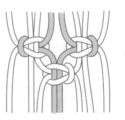

将中间的2根绳子作为芯线，编右上平结
*这是编1次后的结形(A)

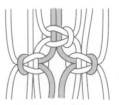

*这是编1次后的结形(B)

一边将芯线错开，一边按同样方法编结

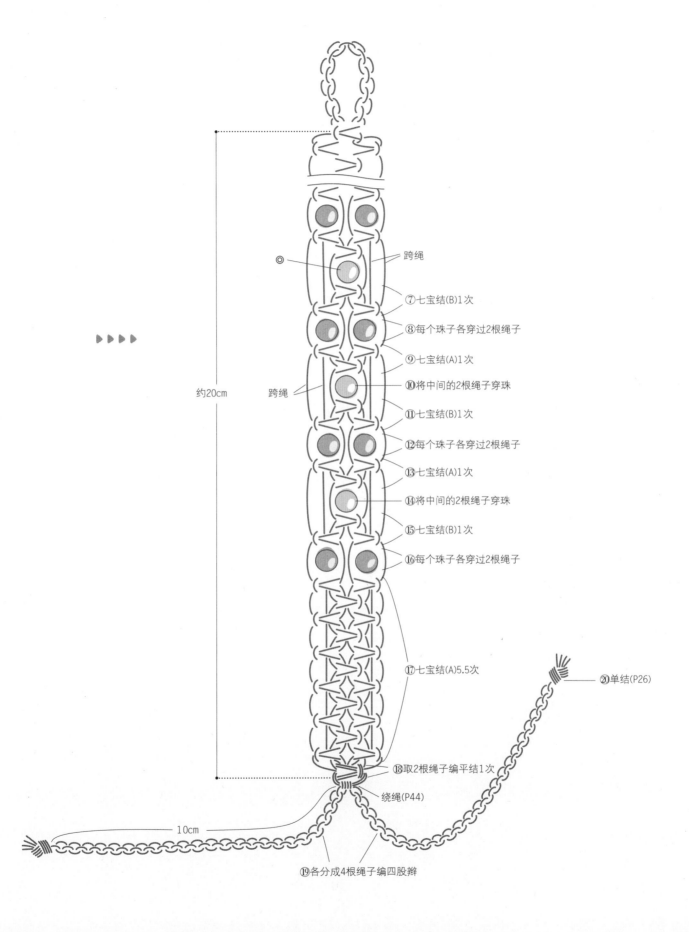

跨绳

⑦七宝结(B)1次

⑧每个珠子各穿过2根绳子

⑨七宝结(A)1次

跨绳

⑩将中间的2根绳子穿珠

⑪七宝结(B)1次

⑫每个珠子各穿过2根绳子

⑬七宝结(A)1次

⑭将中间的2根绳子穿珠

⑮七宝结(B)1次

⑯每个珠子各穿过2根绳子

约20cm

⑰七宝结(A)5.5次

⑳单结(P26)

⑱取2根绳子编平结1次

绕绳(P44)

10cm

⑲各分成4根绳子编四股辫

NO.23 圆珠腰带······P16

材 料	NO.23：**麻绳（粗）纯白色 芯线**180cm×2根、**编绳**280cm×6根
	木珠（圆珠8mm）红木13个、灰木32个
	（圆珠5mm）红木8个、灰木8个
尺 寸	全长155cm

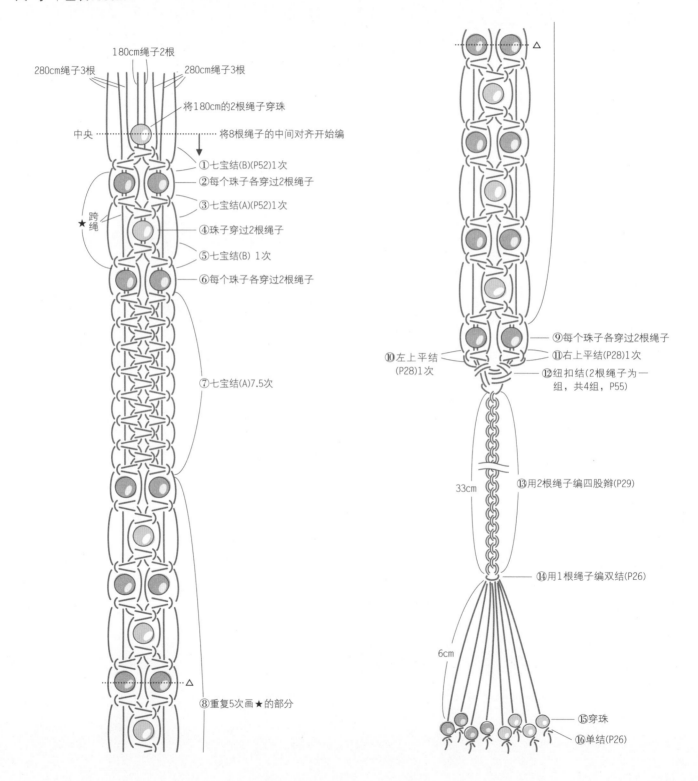

180cm绳子2根

280cm绳子3根　　　　280cm绳子3根

将180cm的2根绳子穿珠

中央·········　将8根绳子的中间对齐开始编

①七宝结(B)(P52)1次

②每个珠子各穿过2根绳子

③七宝结(A)(P52)1次

★跨绳

④珠子穿过2根绳子

⑤七宝结(B)1次

⑥每个珠子各穿过2根绳子

⑦七宝结(A)7.5次

⑧重复5次画★的部分

⑨每个珠子各穿过2根绳子

⑩左上平结(P28)1次

⑪右上平结(P28)1次

⑫纽扣结(2根绳子为一组，共4组，P55)

33cm

⑬用2根绳子编四股辫(P29)

⑭用1根绳子编双结(P26)

6cm

⑮穿珠

⑯单结(P26)

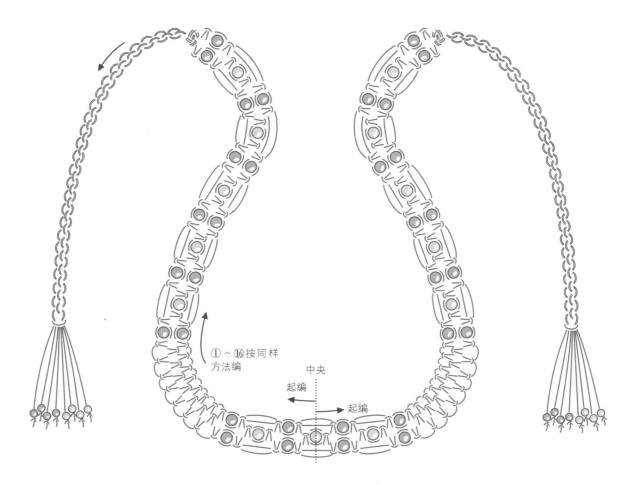

①～⑯按同样
方法编

中央

起编

起编

纽扣结的编法

用2根绳子编1次圆柱结

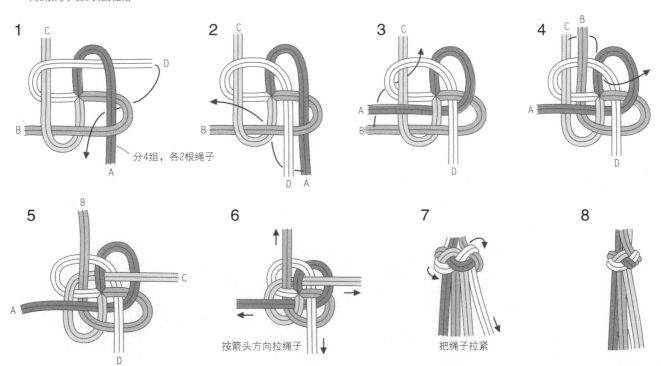

1 C

D

B

A

分4组，各2根绳子

2 C

B

D A

3 C

A

B

D

4 C B

A

D

5 B

A

C

D

6

按箭头方向拉绳子

7

把绳子拉紧

8

材料 | NO.24：麻绳（中）苏木色 芯线200cm×4根、编绳300cm×4根
木珠（圆珠12mm）灰木21个

尺寸 | 全长155cm

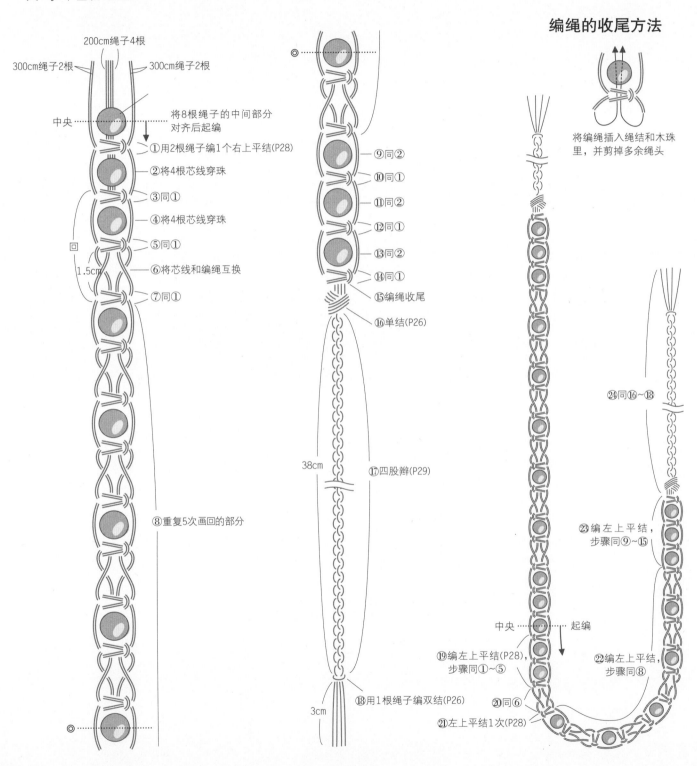

200cm绳子4根

300cm绳子2根　　300cm绳子2根

中央

将8根绳子的中间部分对齐后起编

①用2根绳子编1个右上平结(P28)

②将4根芯线穿珠

③同①

④将4根芯线穿珠

⑤同①

1.5cm

⑥将芯线和编绳互换

⑦同①

回

⑧重复5次画回的部分

⑨同②

⑩同①

⑪同②

⑫同①

⑬同②

⑭同①

⑮编绳收尾

⑯单结(P26)

⑰四股辫(P29)

38cm

⑱用1根绳子编双结(P26)

3cm

编绳的收尾方法

将编绳插入绳结和木珠里，并剪掉多余绳头

㉔同⑯~⑱

㉓编左上平结，步骤同⑨~⑮

中央　　　起编

㉒编左上平结，步骤同⑧

⑲编左上平结(P28)，步骤同①~⑤

⑳同⑥

㉑左上平结1次(P28)

NO.25 圆珠和长管木珠腰带……P17

材 料	NO.25：麻绳（中）纯白色 芯线150cm×2根、编绳220cm×2根 木珠（长管木珠36mm）灰木5个、松木4个 （圆珠8mm）松木16个、灰木16个
尺 寸	全长150cm

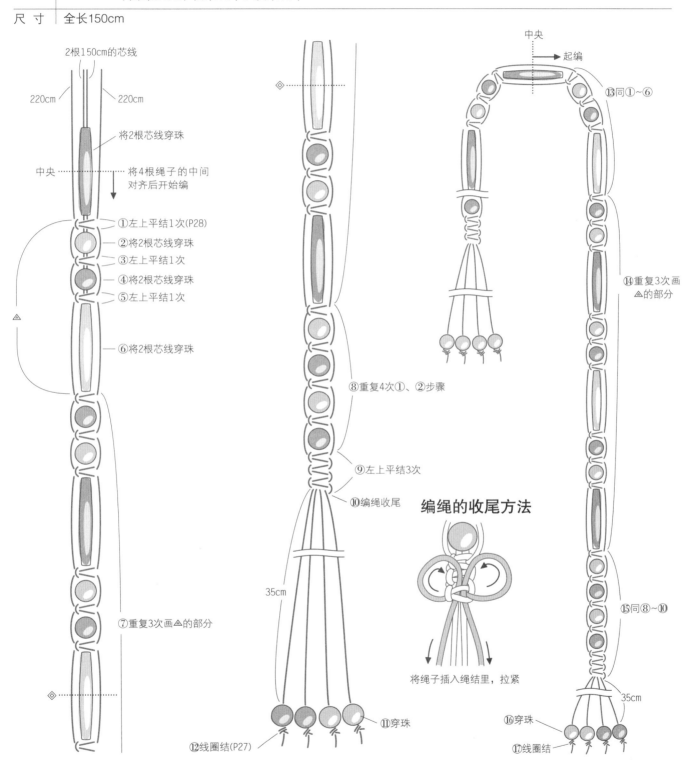

2根150cm的芯线

220cm　　　　220cm

将2根芯线穿珠

中央……　　将4根绳子的中间
对齐后开始编

①左上平结1次(P28)
②将2根芯线穿珠
③左上平结1次
④将2根芯线穿珠
⑤左上平结1次

⑥将2根芯线穿珠

△

⑦重复3次画△的部分

◎……

⑧重复4次①、②步骤

⑨左上平结3次

⑩编绳收尾

35cm

⑪穿珠

⑫线圈结(P27)

中央　　　→起编

⑬同①~⑥

⑭重复3次画
△的部分

编绳的收尾方法

将绳子插入绳结里，拉紧

⑮同⑧~⑩

35cm

⑯穿珠

⑰线圈结

NO.26 圆珠和长管木珠腰带……P17

材料	NO.26: 麻绳（中）纯白色 220cm×2根、120cm×2根、450cm×2根、230cm×2根 挂饰（花）灰木1个、木珠（圆珠8mm）红木14个、 （长管木珠22mm）灰木12个
尺寸	全长150cm

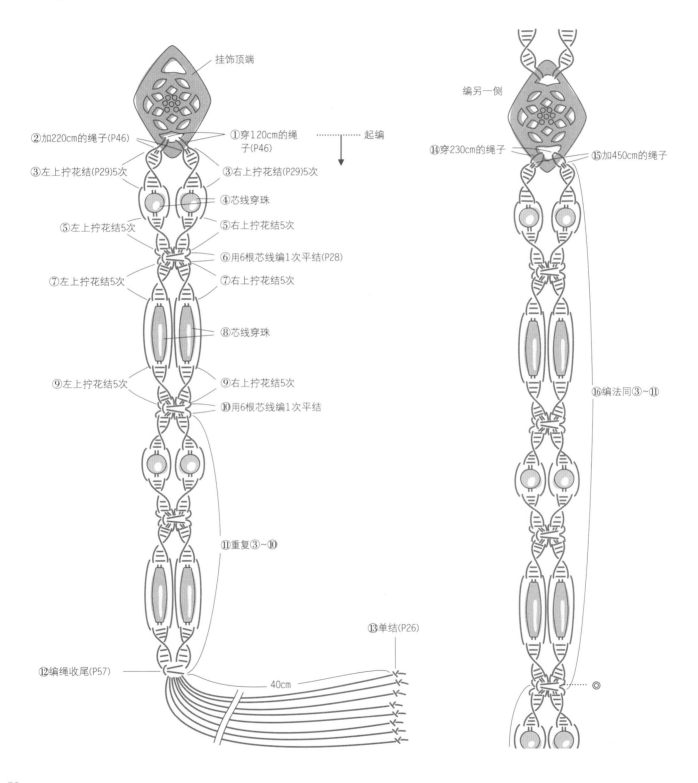

挂饰顶端

②加220cm的绳子(P46)

①穿120cm的绳子(P46)

············ 起编

③左上拧花结(P29)5次

③右上拧花结(P29)5次

④芯线穿珠

⑤左上拧花结5次

⑤右上拧花结5次

⑥用6根芯线编1次平结(P28)

⑦左上拧花结5次

⑦右上拧花结5次

⑧芯线穿珠

⑨左上拧花结5次

⑨右上拧花结5次

⑩用6根芯线编1次平结

⑪重复③~⑩

⑫编绳收尾(P57)

40cm

⑬单结(P26)

编另一侧

⑭穿230cm的绳子

⑮加450cm的绳子

⑯编法同③~⑪

58

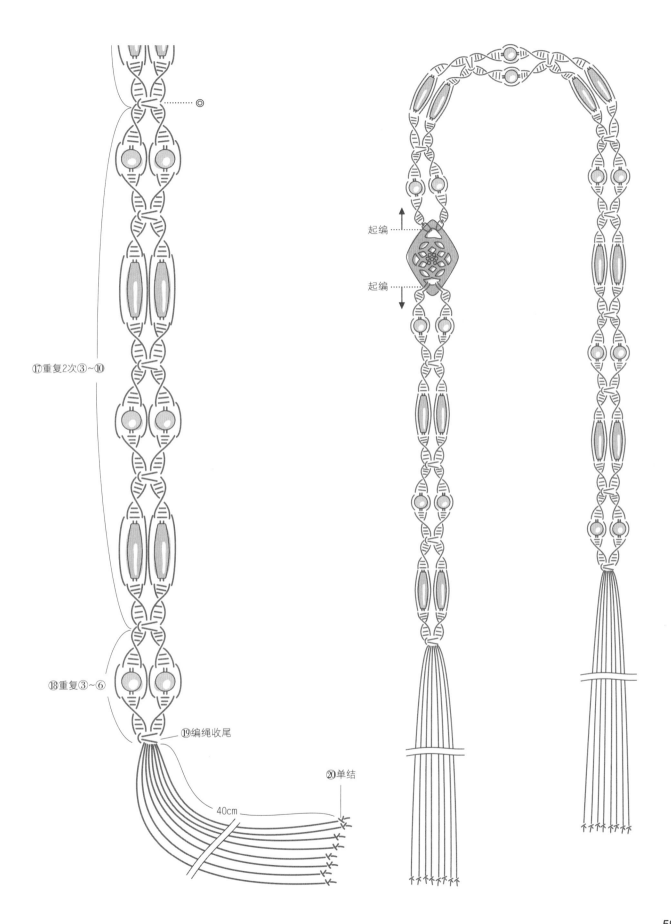

⑰重复2次③～⑩

⑱重复③～⑥

⑲编绳收尾

40cm

⑳单结

起编

起编

NO.27 圆珠挂链……P18

材　料	NO.27-a：麻绳（粗）纯白色 芯线70cm×4根、编绳330cm×2根、绳头结（中）天然色50cm×2根 木珠（圆珠12mm）松木10个、 钥匙环 2个、钥匙扣
	NO.27-b：麻绳（粗）纯白色 芯线70cm×4根、编绳330cm×2根、绳头结（中）朱古力色50cm×2根 木珠（圆珠12mm）红木10个、 钥匙环 2个、钥匙扣

尺　寸	全长49cm(a、b通用。钥匙环除外)

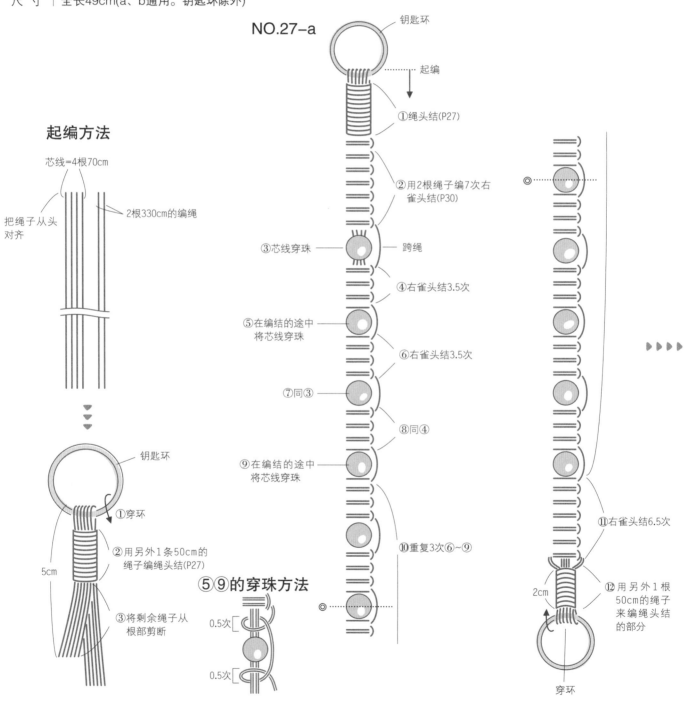

起编方法

芯线=4根70cm

把绳子从头对齐

2根330cm的编绳

①穿环

钥匙环

5cm

②用另外1条50cm的绳子编绳头结(P27)

③将剩余绳子从根部剪断

⑤⑨的穿珠方法

0.5次

0.5次

NO.27-a

钥匙环

起编

①绳头结(P27)

②用2根绳子编7次右雀头结(P30)

③芯线穿珠　跨绳

④右雀头结3.5次

⑤在编结的途中将芯线穿珠

⑥右雀头结3.5次

⑦同③

⑧同④

⑨在编结的途中将芯线穿珠

⑩重复3次⑥~⑨

⑪右雀头结6.5次

2cm

⑫用另外1根50cm的绳子来编绳头结的部分

穿环

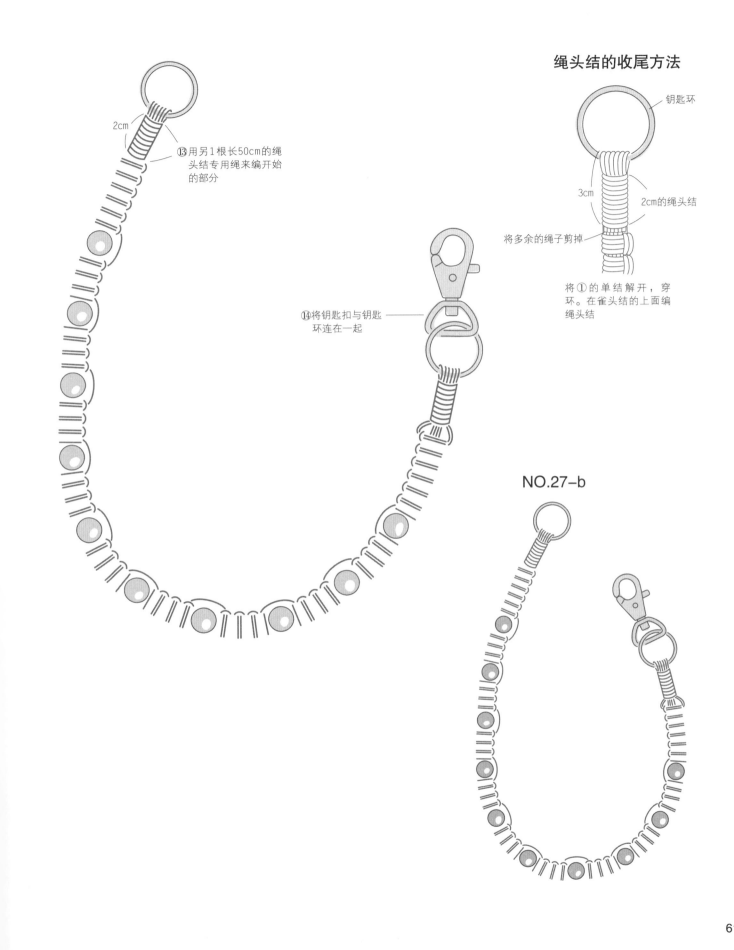

绳头结的收尾方法

钥匙环

3cm

2cm的绳头结

将多余的绳子剪掉

将①的单结解开，穿环。在雀头结的上面编绳头结

2cm

⑬用另1根长50cm的绳头结专用绳来编开始的部分

⑭将钥匙扣与钥匙环连在一起

NO.27-b

NO.28 小流苏眼镜链……P19

材　料	NO.28-a：**麻绳（中）纯白色 芯线**170cm×2根、**编绳**170cm×2根 **木珠**（圆珠8mm）松木8个、（扁珠15mm）松木1个 **眼镜链**（透明）1组 NO.28-b：**麻绳（中）苏木色 芯线**170cm×2根、**编绳**170cm×2根 **木珠**（圆珠8mm）灰木8个、（扁珠15mm）灰木1个 **眼镜链**（黑）1组
尺　寸	全长106cm(a、b通用。眼镜链配件除外)

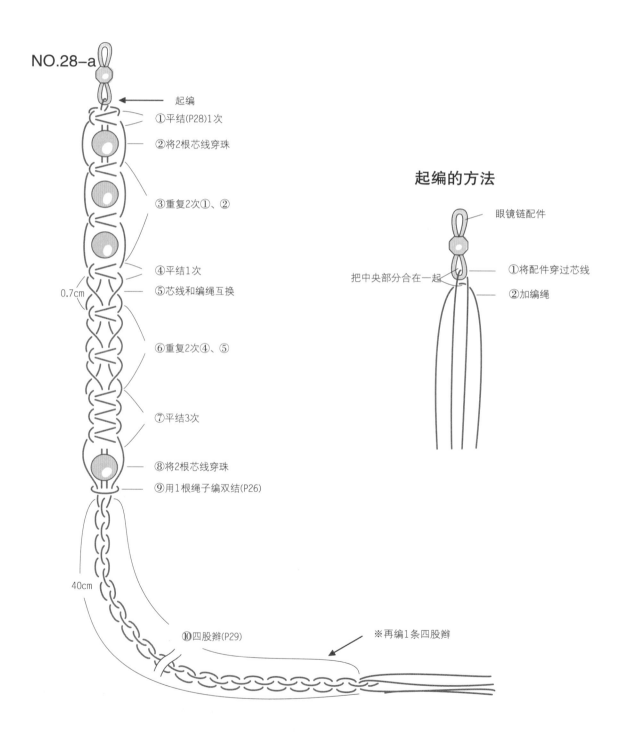

NO.28-a

起编

①平结(P28)1次

②将2根芯线穿珠

③重复2次①、②

④平结1次

⑤芯线和编绳互换

0.7cm

⑥重复2次④、⑤

⑦平结3次

⑧将2根芯线穿珠

⑨用1根绳子编双结(P26)

40cm

⑩四股辫(P29)

※再编1条四股辫

起编的方法

眼镜链配件

①将配件穿过芯线

②加编绳

把中央部分合在一起

62

NO.28-b

⑪穿珠

1.5cm

⑫用1根绳子编双结(P26)

1.5cm

NO.29 木珠挂包……P20

材料　NO.29：**麻绳（中）天然色** 芯线40cm×1根、**连接线**90cm×36根、**肩带用线**150cm×4根、
　　　　包扣15cm×1个、**环扣**15cm×4根
　　　　木珠（圆珠8mm）红木18个、**（圆珠12mm）**红木1个、
　　　　（长管木珠14mm）红木9个、**（长管木珠22mm）**红木18个

尺寸　15×10cm(只包括包包的部分)

1 制作包面

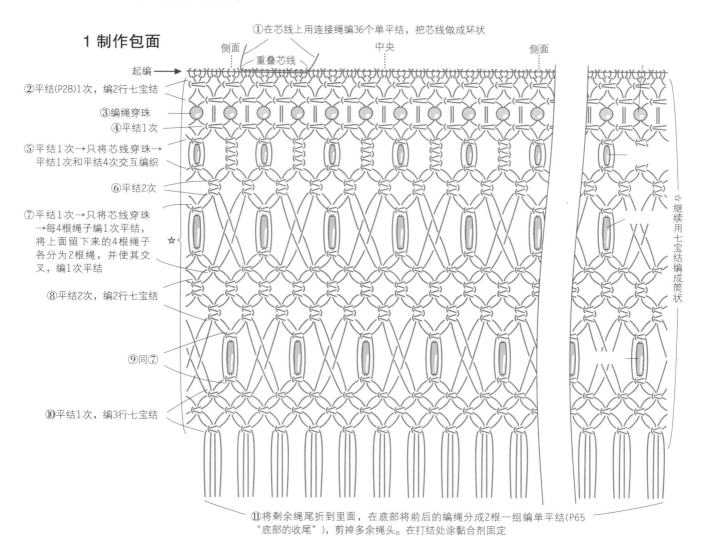

①在芯线上用连接绳编36个单平结，把芯线做成环状

侧面　　重叠芯线　　中央　　侧面

起编→

②平结(P28)1次，编2行七宝结

③编绳穿珠

④平结1次

⑤平结1次→只将芯线穿珠→平结1次和平结4次交互编织

⑥平结2次

⑦平结1次→只将芯线穿珠→每4根绳子编1次平结，将上面留下来的4根绳子各分为2根绳，并使其交叉，编1次平结

⑧平结2次，编2行七宝结

⑨同⑦

⑩平结1次，编3行七宝结

☆继续用七宝结编成筒状

⑪将剩余绳尾折到里面，在底部将前后的编绳分成2根一组编单平结(P65 "底部的收尾")，剪掉多余绳头。在打结处涂黏合剂固定

七宝结

将芯线和编绳错开编平结。

芯线　　芯线

将2根绳子作为芯线编平结

芯线

把编绳作为芯线编平结

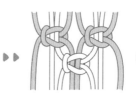

同样将芯线错开编平结

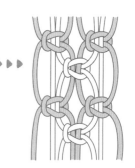

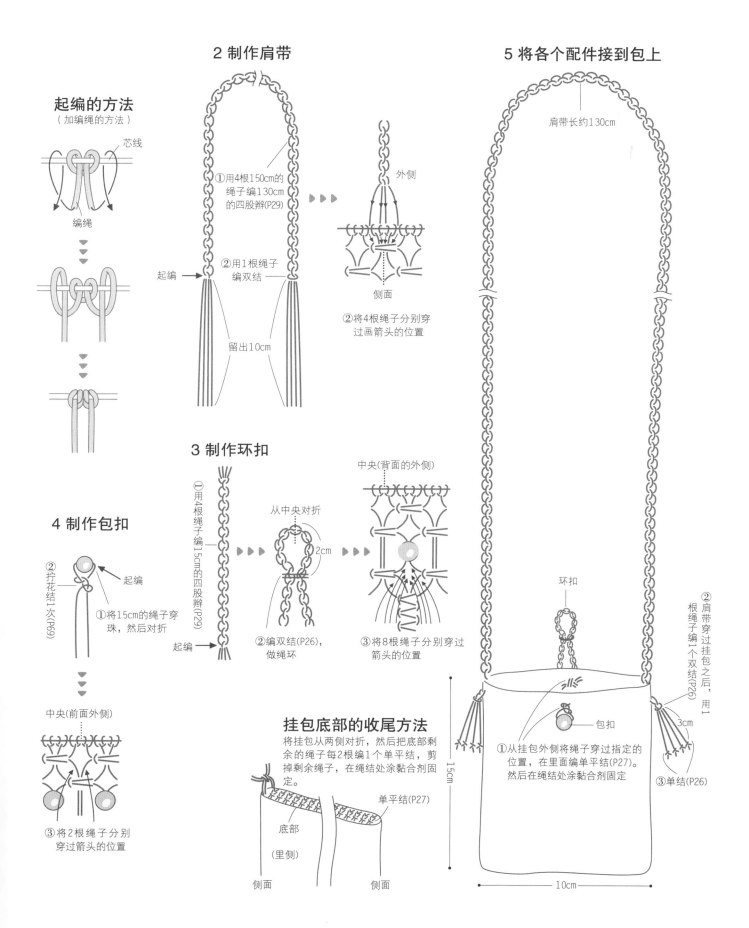

起编的方法

（加编绳的方法）

芯线

编绳

2 制作肩带

①用4根150cm的绳子编130cm的四股辫(P29)

起编

②用1根绳子编双结

留出10cm

外侧

侧面

②将4根绳子分别穿过画箭头的位置

3 制作环扣

①用4根绳子编15cm的四股辫(P29)

起编

从中央对折

2cm

②编双结(P26)，做绳环

中央(背面的外侧)

③将8根绳子分别穿过箭头的位置

4 制作包扣

②拧花结1次(P69)

起编

①将15cm的绳子穿珠，然后对折

中央(前面外侧)

③将2根绳子分别穿过箭头的位置

挂包底部的收尾方法

将挂包从两侧对折，然后把底部剩余的绳子每2根编1个单平结，剪掉剩余绳子，在绳结处涂黏合剂固定。

底部

(里侧)

侧面

侧面

单平结(P27)

5 将各个配件接到包上

肩带长约130cm

环扣

包扣

②肩带穿过挂包之后，用1根绳子编1个双结(P26)

3cm

③单结(P26)

①从挂包外侧将绳子穿过指定的位置，在里面编单平结(P27)。然后在绳结处涂黏合剂固定

15cm

10cm

NO.30 木珠迷你包……P20

材 料	NO.30：麻绳（中）天然色 芯线50cm×1根、**连接线**70cm×48根、拎带的芯线60cm×2根、 拎带的编绳180cm×2根、包扣15cm×1个、环扣的芯线20cm×2根、环扣的编绳70cm×1根 **木珠**（圆珠8mm）灰木24个、（圆珠12mm）灰木1个、 （长管木珠14mm）灰木12个、（长管木珠22mm）灰木12个
尺 寸	11×14cm(只是包的部分)

1 制作包面

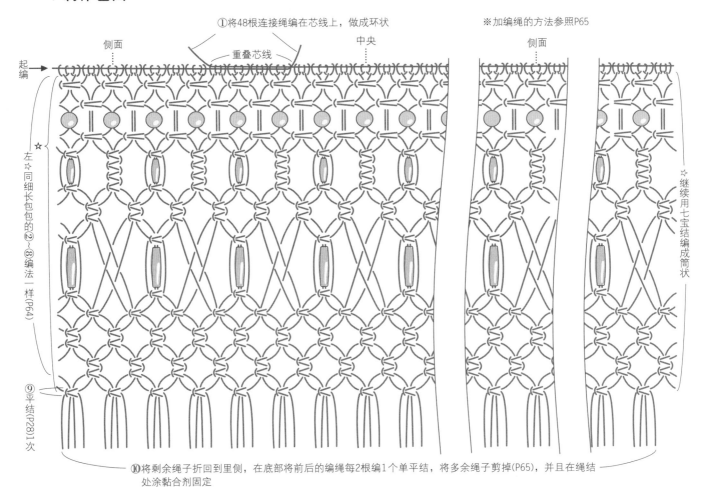

①将48根连接绳编在芯线上，做成环状 ※加编绳的方法参照P65

侧面 重叠芯线 中央 侧面

起编

左☆同细长包包的②~⑧编法一样(P64)

☆继续用七宝结编成筒状

⑨平结(P28)1次

⑩将剩余绳子折回到里侧，在底部将前后的编绳每2根编1个单平结，将多余绳子剪掉(P65)，并且在绳结
处涂黏合剂固定

2 制作提手

将2根60cm的绳子在中央对折

将180cm的绳子穿过两侧

30cm

150cm

30cm

外侧

两侧

穿2根芯线

穿编绳

外侧

背面的侧面
将4根芯线放在里侧

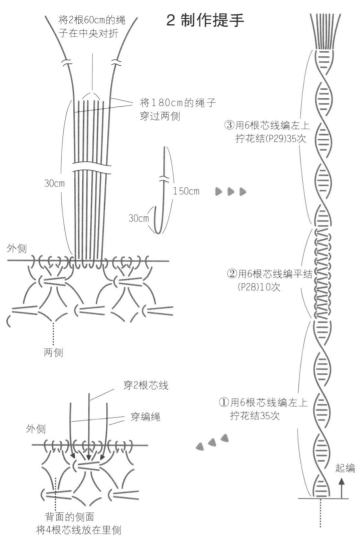

③用6根芯线编左上拧花结(P29)35次

②用6根芯线编平结(P28)10次

①用6根芯线编左上拧花结35次

起编

4 制作包扣。※方法同P65

5 把各个配件安在挂包上

从拎手的部位穿绳，在里侧编单平结(P27)。然后在绳结处涂黏合剂固定

提手长22cm

环扣

从连接部位的外侧穿绳，在里侧编单平结。然后在绳结处涂黏合剂固定

2.5cm

11cm

包扣

提手起编处

14cm

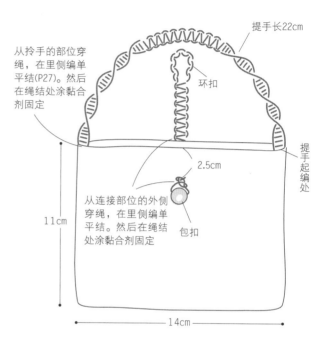

3 制作环扣

左1根70cm的绳子(编绳)

右2根20cm的绳子(芯线)

在中央对折

编绳

以三股辫起编(P28)

4cm

3根绳子的中央编在一起

芯线

平结(P28)8次

外侧

中央(背面)

将6根绳子分别穿过箭头的位置

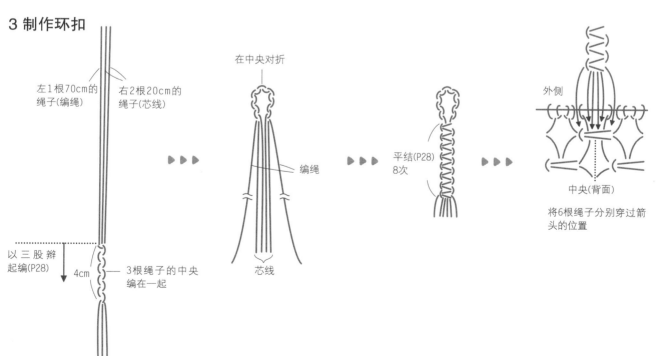

67

NO.31 木珠口红包……P21

材 料	NO.31：麻绳（中）蓝色 芯线(及肩带)200cm×2根、连接线60cm×16根、绳头结30cm×4根、木珠（长管木珠22mm）松木6个
尺 寸	7×4cm(只是包的部分)

1 制作包面

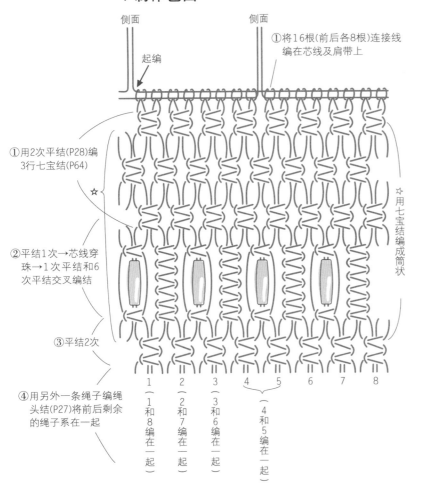

侧面

起编

①将16根(前后各8根)连接线编在芯线及肩带上

侧面

①用2次平结(P28)编3行七宝结(P64)

☆

②平结1次→芯线穿珠→1次平结和6次平结交叉编结

③平结2次

④用另外一条绳子编绳头结(P27)将前后剩余的绳子系在一起

☆用七宝结编成筒状

1 （1和8编在一起）
2 （2和7编在一起）
3 （3和6编在一起）
4 （4和5编在一起）
5
6
7
8

起编方法

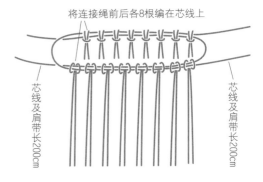

将连接绳前后各8根编在芯线上

芯线及肩带长200cm

芯线及肩带长200cm

连接线的连接方法

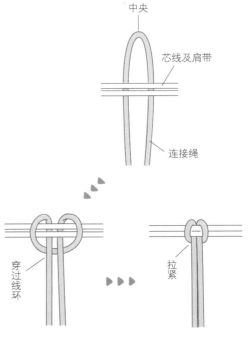

中央

芯线及肩带

连接绳

穿过线环

拉紧

2 制作肩带

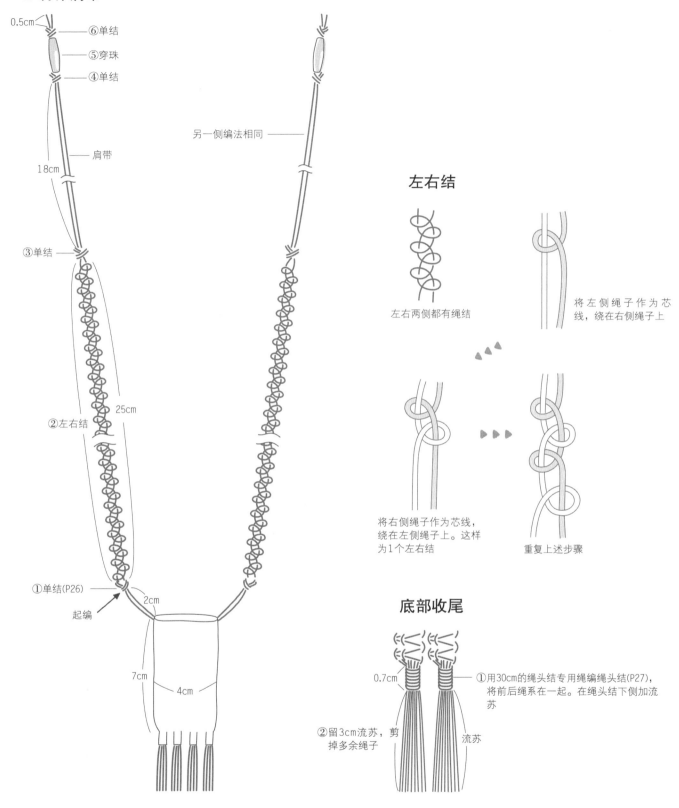

0.5cm

⑥单结

⑤穿珠

④单结

另一侧编法相同

肩带

18cm

③单结

25cm

②左右结

①单结(P26)

起编

2cm

7cm

4cm

左右结

左右两侧都有绳结

将左侧绳子作为芯线，绕在右侧绳子上

将右侧绳子作为芯线，绕在左侧绳子上。这样为1个左右结

重复上述步骤

底部收尾

0.7cm

①用30cm的绳头结专用绳编绳头结(P27)，将前后绳系在一起。在绳头结下侧加流苏

②留3cm流苏，剪掉多余绳子

流苏

NO.32 木珠mp3包……P21

材 料	NO.32：麻绳（中）蓝色 芯线(及肩带)200cm×2根、连接线75cm×40根、绳头结30cm×9根、木珠（长管木珠14mm）松木20个、（长管木珠22mm）松木2个
尺 寸	10×10cm (只是包的部分)

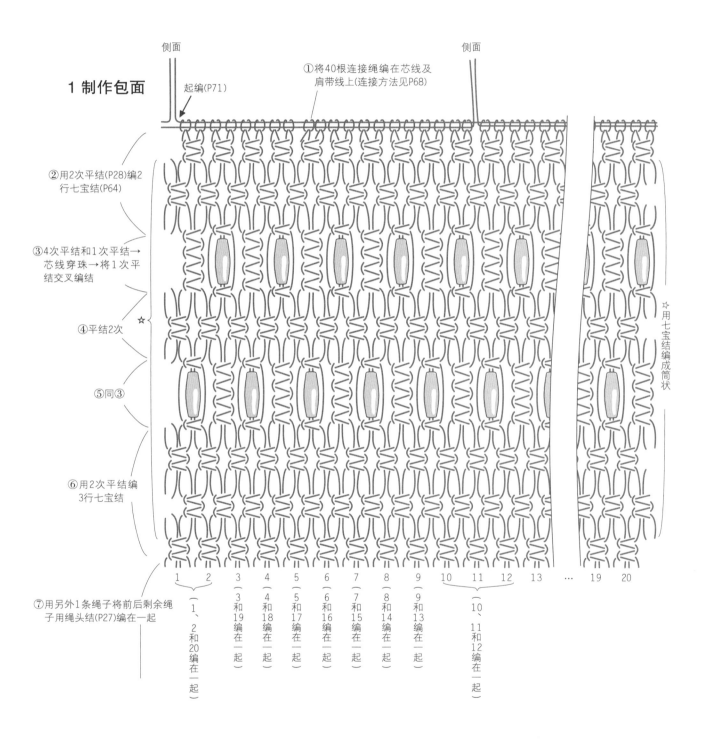

1 制作包面

侧面　　　　　　　　　①将40根连接绳编在芯线及　　　　　侧面
起编(P71)　　　　　　　肩带线上(连接方法见P68)

②用2次平结(P28)编2行七宝结(P64)

③4次平结和1次平结→芯线穿珠→将1次平结交叉编结

☆

④平结2次

⑤同③

☆用七宝结编成筒状

⑥用2次平结编3行七宝结

⑦用另外1条绳子将前后剩余绳子用绳头结(P27)编在一起

1　2　3　4　5　6　7　8　9　10　11　12　13　…　19　20

（1、2和20编在一起）（3和19编在一起）（4和18编在一起）（5和17编在一起）（6和16编在一起）（7和15编在一起）（8和14编在一起）（9和13编在一起）（10、11和12编在一起）

起编方法

将连接绳前后各20根编在芯线上

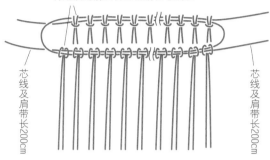

芯线及肩带长200cm

芯线及肩带长200cm

2 制作肩带

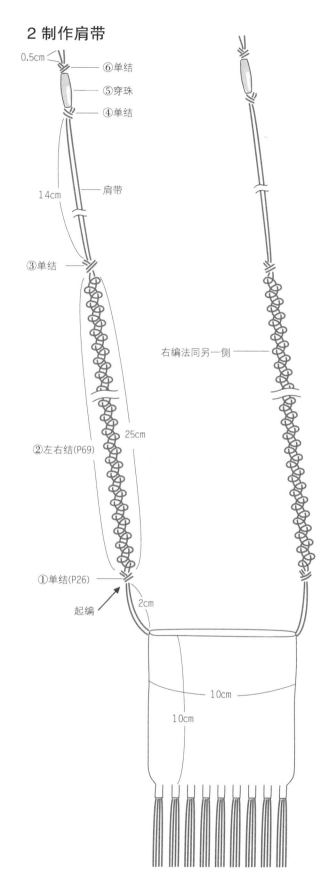

0.5cm

⑥单结

⑤穿珠

④单结

14cm 肩带

③单结

25cm

②左右结(P69)

右编法同另一侧

①单结(P26)

起编

2cm

10cm

10cm

底部收尾

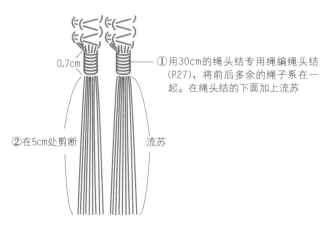

0.7cm

①用30cm的绳头结专用绳编绳头结
(P27)，将前后多余的绳子系在一
起。在绳头结的下面加上流苏

②在5cm处剪断

流苏

hemp & wood beads

手机链
钥匙链
手链
短项链
指环
项链
腰带
裤链
眼镜链
挂包
迷你包包
口红包
MP3 包